U0309504

战术导弹结构动力学

祝学军　南宫自军　著

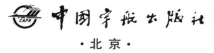

中国宇航出版社
·北京·

版权所有　侵权必究

图书在版编目（CIP）数据

战术导弹结构动力学 / 祝学军，南宫自军著. --北京：中国宇航出版社，2017.2

ISBN 978 - 7 - 5159 - 0896 - 0

Ⅰ.①战… Ⅱ.①祝… ②南… Ⅲ.①战术导弹—结构动力学 Ⅳ.①TJ761.1

中国版本图书馆 CIP 数据核字（2015）第 044481 号

责任编辑　侯丽平

责任校对　祝延萍　　　　　封面设计　宇星文化

出　版
发　行　中国宇航出版社

社　址　北京市阜成路 8 号　　　邮　编　100830
　　　　（010）60286808　　　　（010）68768548
网　址　www.caphbook.com
经　销　新华书店
发行部　（010）60286888　　　（010）68371900
　　　　（010）60286887　　　（010）60286804（传真）
零售店　读者服务部
　　　　（010）68371105
承　印　北京画中画印刷有限公司
版　次　2017 年 2 月第 1 版　　2017 年 2 月第 1 次印刷
规　格　880×1230　　　　　　开　本　1/32
印　张　7.875　　　　　　　　字　数　227 千字
书　号　ISBN 978 - 7 - 5159 - 0896 - 0
定　价　90.00 元

本书如有印装质量问题，可与发行部联系调换

序 一

导弹结构动力学设计是导弹总体设计的重要内容，是导弹动载荷设计、结构设计、力学环境设计和姿态控制系统设计的基础，是理论性和实践性很强的直接关系到导弹飞行成败的工作，其重要性不言而喻。地地战术导弹一般规模小、长细比大、控制面多、机动性强，稳定性控制的矛盾突出，从而对导弹结构动力学设计提出了更高的要求。

本书作者是我国地地战术导弹领域的学术带头人，长期从事地地战术导弹研究、设计。在探索战术导弹技术前沿的工作中，对新的飞行模式带来的结构动力学问题开展了大量的研究和攻关，发现了一系列新现象，并从理论上揭示了这些现象的本质，形成了一整套适用于新型地地战术弹道导弹的结构动力学设计方法和试验体系。本书是作者对战术导弹结构动力学基础理论、设计方法和试验体系的系统总结，特别介绍了作者在研制过程中发现的结构动力学问题和新的研究成果及试验方法。

本书以工程设计脉络为主线，系统地介绍了战术导弹结构动力学设计的过程和理论方法，结合多型战术导弹的研制经验，总结了影响导弹结构动力学特性设计准确性的因素及修正方法；同时，系统介绍了战术导弹结构动力学设计的试验方法。对航天工业相关专业设计师具有重要的参考价值，对提高导弹结构动力学设计能力、促进战术导弹技术创新发展、总结与传承航天技术和知识具有重要意义。

　　航天事业正处于由大变强的关键时期，我衷心希望《战术导弹结构动力学》既能为设计师在导弹结构动力学设计创新方面提供重要参考，也能为相关领域青年技术人才培养起到促进作用。

2015 年 11 月

序 二

作为导弹总体设计的重要内容，结构动力学特性设计是理论性和实践性相对较强的一项工作，其设计结果是姿态控制系统设计和动载荷计算的依据，结构动力学参数的准确性直接影响导弹飞行的成败。

20世纪60年代，在国防尖端科技领域开展的"技术爬坡"热潮中，载荷环境专业的同事们为了解决当时型号研制中亟待突破的技术问题，不惧挑战、勇于创新，完成了载荷环境专业的十余项关键课题研究，结构动力学特性就是其中的第一项，其余课题中也有多项涉及结构动力学特性的研究。这些关键技术问题的突破，不仅从载荷环境专业角度保证了我国第一型自行研制的导弹取得了飞行试验的圆满成功，也奠定了我国导弹总体设计中结构动力学设计工作的基础。

20世纪80年代末，我国开始了以固体火箭发动机为动力的战术导弹研制。作者通过理论分析和试验研究，在解决型号技术难题、完成多型战术导弹研制任务的同时，拓展、丰富和深化了结构动力学专业内容，形成了战术导弹结构动力学设计理论和试验体系。

本书系统总结了作者多年来在战术导弹研制工作中积累的理论研究成果和实践经验，按照战术导弹结构动力学设计流程，编写成可供实际设计使用的参考书，对从事战术导弹设计的人员具有很高的参考价值。

　　通过这本书，我感受到了作者刻苦钻研、不断创新的可嘉勇气和理论联系实际的工作作风。祝贺他们取得的成绩。

中国工程院院士

系列战术武器总设计师

2014 年 8 月

前　言

　　导弹是结构组成十分复杂的弹性体，其结构动力学特性是导弹姿态稳定控制系统设计的关键参数之一，参数的准确性将直接影响飞行试验成败。因此，获取精确的弹性振动特性参数作为导弹总体设计的一个环节越来越受到重视。随着战术导弹跨入全程大气层内高超声速飞行领域，弹体气动力矩相关系数较大，刚体穿越频率与弹性振动频率间的"带宽"减小，更增加了控制系统频域的设计难度，对弹体结构动力学特性参数设计的准确性提出了更高的要求。

　　1962年，我国自行研制的第一型导弹DF—2首飞失利，故障定位为导弹姿态稳定控制系统设计中没有充分考虑弹体弹性振动的影响。基于此，当时的载荷环境专业提出了以全弹弹性振动特性分析方法、导弹动响应计算方法、导弹飞行阵风载荷计算方法、全弹力学环境设计方法等为代表的十余项专业发展课题，其中多数课题涉及结构动力学特性的研究。在全体成员的共同努力下，圆满地完成了上述课题研究，由此奠定了我国导弹总体设计中结构动力学设计工作的基础。战术导弹结构动力学也是在此基础上发展而来的。

　　随着我国战术导弹技术的发展，特别是在新型地地战术导弹的研发过程中，新的导弹结构动力学问题不断涌现。经过深入探究和实践，在解决问题的同时不断取得新的成果，形成了地地战术导弹结构动力学设计和试验的理论、方法体系。

　　作者将多年从事战术导弹总体设计工作和完成多型战术导弹研

制过程中积累的研究成果进行系统总结，同时参考国内外相关资料，写成本书，主要目的是为从事航天工作的科研人员，尤其是年轻设计人员提供一本贴近工程、侧重用实例说明结构动力学理论与方法在战术导弹设计中工程应用的参考书，以提高解决实际工程问题的能力。本书章节结构基本按照战术导弹结构动力学设计流程顺序安排，介绍有关原理和分析方法。

　　本书由祝学军和南宫自军主笔完成，参与编写和校对工作的还有刘博、王亮、商霖、黄梦宏、王乐、李炳蔚、牛智玲等。

　　全书承蒙刘宝镛院士、陈福田院士、王毅型号总师认真审阅，对原稿提出了许多宝贵意见，中国航天科技集团一院战术武器事业部为本书出版提供了大力支持，对此我们深表谢意。

　　由于作者水平有限，书中难免存在疏漏或不妥之处，恳请读者批评指正。

作者

2015 年 6 月

目　录

第1章 绪 论

1.1 概述

结构动力学是研究结构在动态外载荷作用下的动力学行为的一门学科，包括外载荷（输入）、响应（输出）和结构系统特性三个要素。相对于静力学，动力学中包含了除外力、弹性力以外的惯性力，在描述动力学模型的方程上是与时间变量相关的[1]。具体到战术导弹结构动力学，广义上包括导弹结构动力学特性、动载荷、动力学环境三个部分内容。其中，导弹结构动力学特性是动载荷与动力学环境分析的基础，也是本书的主要内容。

相对于运载火箭和战略导弹，战术导弹规模较小，往往长细比较大且带有翼、舵，内部结构布局紧凑，结构动力学特性十分复杂。另一方面，随着战术导弹的发展，需要导弹具有良好的动态响应特性，刚体穿越频率与弹性振动频率间的"带宽"减小，为同时确保刚体与弹性振动稳定控制，姿态控制系统设计对弹体结构动力学特性参数的准确性要求越来越高。同时，为了控制成本，战术导弹率先使用了带减振的捷联惯性测量组合、多气动控制面和整体减振支架等方案，局部小系统动力学特性及局部与整体的模态耦合等问题突出，需要深入考虑、妥善解决。因此，战术导弹结构动力学设计是一项挑战性强而又十分重要的工作。

战术导弹结构动力学设计的一般过程包括模态参数获取、全弹弹性设计模型建立和动力学传递特性测量三部分[2-4]，如图 1-1 灰色区域所示。其与动力学稳定性设计的关系也在图 1-1 中进行了示意，叙述如下。

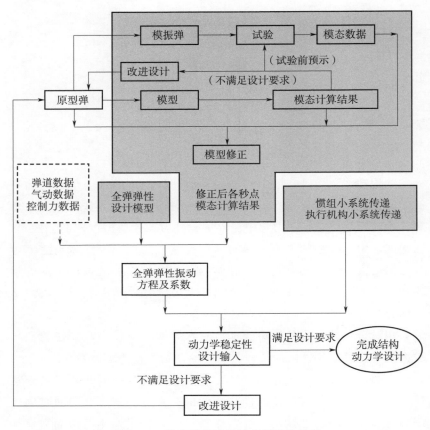

图 1-1　战术导弹结构动力学设计过程

　　1）根据导弹设计要求提出导弹总体方案后得到导弹原型弹。

　　2）一方面按照原型弹进行详细结构设计并加工制造，得到用于弹性振动试验的模振弹；另一方面可根据原型弹和由原型弹确定的初始数据，在参考以往相似型号经验的基础上建立导弹有限元模型。由于模振弹的设计制造周期比较长，所以研制初期弹性振动固有特性参数多为采用有限元模型经模态计算获得的理论结果，包括各阶模态频率、振型和振型斜率。模态阻尼比目前尚无可信的计算方法，只能通过试验获得，在试验前根据经验或相似型号进行估计。

　　3）模振弹完成后即具备进行弹性振动试验的条件。由于推进剂的消耗，导弹在主动段飞行过程中质量变化很大，所以一般需要进行每级飞行零秒（满装药发动机）和末秒（空壳发动机）两种状态的试验。通过试验可获取导弹低阶模态参数，包括模态频率、振型、振型斜率及模态阻尼比。

　　4）结合导弹结构数据（包括材料参数）和质量分布数据，使用模态试验结果修正有限元模型，进而计算获得各飞行秒状态的模态参数。

　　5）导弹姿态控制不仅要保证刚体稳定，也要保证弹性稳定，因此需要根据姿态控制系统需求和全弹模态特征，从姿态稳定控制设计角度建立导弹全弹弹性设计模型，即弹性振动运动方程及其系数表达式。

　　6）全弹弹性设计模型确定后，综合弹道数据、气动数据、控制力数据和各特征秒点模态参数，即可得到全弹弹性振动方程系数。

　　7）全弹弹性振动方程及系数是导弹整体动力学特性的描述，还需要惯组小系统传递特性、执行机构小系统传递特性和局部结构动刚度等动力学特性，才能构成完整的动力学稳定性设计输入[5]。

　　另外，如果导弹结构动力学设计完毕后，发现当前状态导弹总体方案不能满足姿态稳定、动载荷等设计要求，则需要结构局部更改或导弹总体设计方案更改。然而，用试验结果修正后的结构动力学设计完成时，基本已到导弹初样研制的中后期，此时进行大的方案调整代价是巨大的，因此，应重视方案论证阶段的结构动力学设计，避免研制后期进行大的方案调整。

1.2　面临问题及解决方法

1.2.1　导弹结构动力学建模问题

　　尽管结构动力学理论和有限元软件发展到今天已经十分成熟，

但是对于没有工程经验的设计人员来说，面对一型导弹，即使结构信息和质量信息均已知，也很难保证计算获得的动力学特性数据能满足工程需求，原因是建模不能准确反映导弹的刚度分布。

战术导弹结构动力学建模需要考虑的因素很多，除了单元类型选择、边界条件处理外，还需要考虑舱段连接、带有筋条和防热套的舱段刚度等效、分枝结构、局部结构影响等因素，以确保刚度分布建模的准确性。另一方面，导弹内部结构复杂，完全采用三维结构模型进行动力学特性分析，既耗时甚至不可实现，又没有必要，因此，工程中一般采用合理的简化模型。如图 1-2 所示的简单结构，其有限元建模可以仅采用一个两点约束一维集中质量——梁模型；而对图 1-3 所示的复杂结构，其有限元建模不仅需要用到主梁和分枝梁，还需使用壳单元模型和弹簧单元。

针对这一问题的介绍详见本书第 2 章。

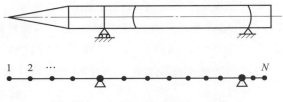

图 1-2　简单结构导弹停放状态模型

1.2.2　全尺寸模态试验及其重要性

从 1.1 节设计过程的介绍可见，模态数据的获取是结构动力学设计的重点和核心。由于导弹和运载火箭这类航天工程结构的复杂性，可靠的动力学数据仅靠理论计算难以获得，一般需要进行地面试验，所以地面模态试验就成为航天器结构动力学设计中的重中之重。

对于小规模的战术导弹，一般直接采用全尺寸结构进行地面振动模态试验。对于大规模的导弹和运载火箭，在统筹考虑技术风险、进度和经费控制的情况下，则采取分步、分阶段的策略开展试验，

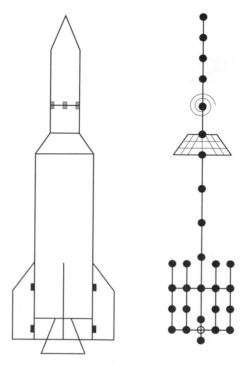

图 1 - 3　复杂结构导弹飞行状态模型

以顺利达到最终的项目目标，从图 1 - 4 中阿波罗（Apollo）结构动力学设计流程就能很清楚地理解这一过程[6]。阿波罗计划中，在以往成功经验和验证过的理念基础上逐步前进的理念贯彻始终。就像图 1 - 4 中展示的一样，阿波罗结构动力学设计过程最开始以 V - 2、红石（Redstone）和大力神（Titan）火箭研制经验为基础，通过缩比模型试验，建立了土星-1（Saturn I）数学模型，开展初步的结构动力学设计工作。然后，通过全尺寸火箭试验，验证和修正数学模型后，完成了最终的结构动力学设计。最后通过无人飞行试验，验证土星-1 火箭性能。接下来，以土星-1 为基础，研制了土星-1B 和土星-5，最终实现了载人飞行试验。土星-5 的结构动力学设计过程与土星-1 类似，也采取了分步实施的策略。

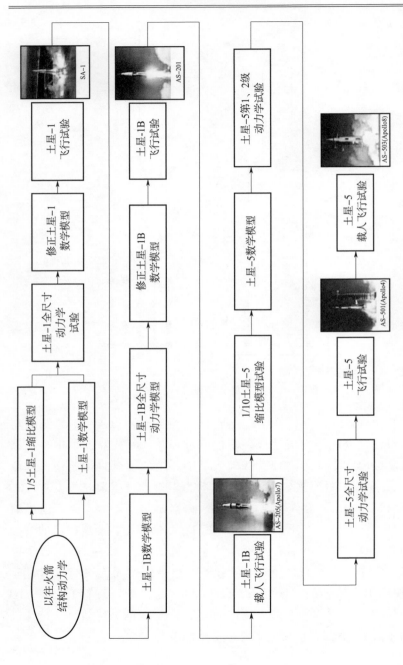

图 1 - 4　阿波罗结构动力学设计流程

　　在国外航天飞行器研制实践中，当不具备采用全尺寸结构进行地面振动试验时，也采用缩比模型进行试验，但是缩比模型试验并不能代替全尺寸结构试验，这可以通过航天飞机（STS）计划研制初期的一场争论来说明[6]。

　　在美国航天飞机计划进度和经费预算阶段，管理层认为不需要开展全尺寸的结构动力学试验，采用数学模型和缩比模型试验即可提供满足结构动力学、姿控和制导需要的数据。这与马歇尔航天飞行中心（Marshall Space Flight Center，MSFC）结构动力学专家的经验和理念正好相反。1972 年，MSFC 向美国航天飞机管理层提交的一份报告指出，缩比模型试验和全尺寸结构试验都是必要的，因为在阿波罗和 Skylab 计划实施过程中发现，通过数学模型和缩比模型试验，都不能预示很多重要的局部效应、动力学耦合效应、连接面接触非线性特性和推进剂-结构耦合等问题，但在全尺寸结构试验中却能够发现这些问题。虽然 MSFC 的提议由于进度和经费的原因未被批准，但他们从技术层面说明了全尺寸结构试验的必要性。

　　迫于技术风险，综合考虑进度和经费的压力，最后 MSFC 于 1973 年提出了一个折中的试验方案，即对部分结构采用数学模型加缩比模型试验，对其他结构进行全尺寸结构试验的方案，如图 1 - 5 所示，最终获批，完成了航天飞机的结构动力学设计，并最终取得了飞行试验的成功。

1. 2. 3　模型修正问题

　　导弹主动段飞行过程中，随着发动机推进剂的消耗，质量逐渐减小，且推进剂占总质量的比例很大，所以其动力学模型是典型的时变模型。然而，通过试验获得每个飞行秒状态的模态参数既不可能（战术导弹多采用固体火箭发动机，难以得到发动机燃烧中间状态的试验产品），又太不经济。因此，工程实际中，对应每一级飞行都只进行零秒和末秒两个状态模态试验，然后使用模态试验结果修正

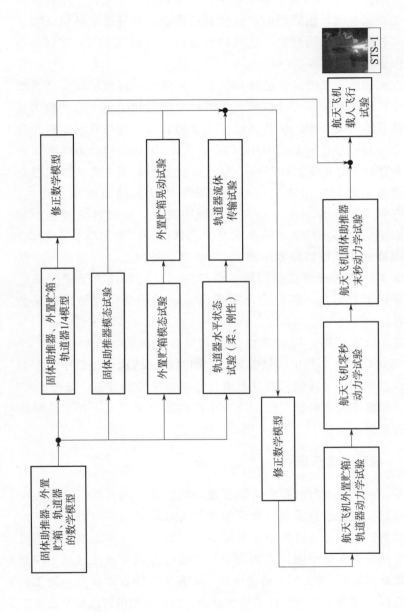

图 1 - 5　航天飞机结构动力学设计流程

有限元模型，进而计算获得各飞行秒状态的模态参数。可见，模型修正在导弹结构动力学设计中十分必要，且要求高、难度大。

另一方面，传统的模型修正方法，比如矩阵摄动法、Berman 法等，虽然理论成熟，各有特色，但是采用这些方法直接修改总质量矩阵和总刚度矩阵，修正过程物理意义不明确，不便在工程实际中使用。

为了解决上述难题，本书作者在战术导弹研制中将经典优化方法、现代优化方法与结构动力学分析相结合，提出了多种实用的战术导弹结构有限元模型修正方法，均在型号工程研制中得到很好的应用，通过了实践的检验。

另外，需要指出的是，无论地面试验产品如何真实地反映导弹动力学特性，由于试验方法的局限和对飞行过程中各种因素模拟的不充分，地面模态试验结果和真正飞行状态总会有所差别，因此，模型修正除了可以解决试验方法应对时变问题的局限性外，还有其特有的价值：消除地面试验边界影响、附加质量影响等试验方法误差；考虑飞行过程壳体温度、过载等因素影响，在一定程度上减小飞行状态和地面试验状态振动特性的天地差异。

1.2.4　伺服弹性问题

伺服弹性问题是结构动力学与飞行控制的耦合问题。战术导弹的飞行控制稳定性受整个飞行器系统影响，包括导弹结构弹性、控制系统仪器设备及其安装结构特性、执行机构间隙、操纵机构控制力和惯性力弹性接触传力、活动部件摩擦等局部特性等[5,7]。图 1-6 所示为某战术导弹伺服系统不同摆角和受载状态测得的幅频传递特性，可见，具有明显非线性特征，且难以使用简单函数进行描述。又如图 1-7 所示，含有间隙和摩擦的空气舵系统转动刚度具有近似分段线性的非线性特征，δ_0 为间隙大小，k_{δ_0} 为间隙内接触刚度，k_δ 为克服间隙后的刚度。

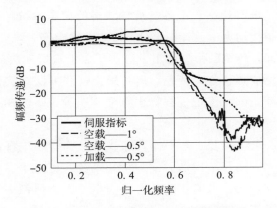

图 1-6 某战术导弹伺服系统幅频传递特性

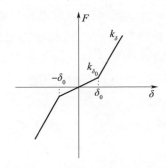

图 1-7 含有间隙和摩擦的空气舵系统转动刚度

全弹弹性振动特性由模态试验及有限元分析可以获得，惯组等敏感器件和执行机构的传递特性由单元传递特性试验可以获得。然而，战术导弹的结构动力学特性是复杂的，各部件（各环节）的传递特性组合一般可以确保低频部分的全面性和准确性，不一定能覆盖高频部分的不确定性和非线性特征。

对于机动性要求并不苛刻的传统战术弹道导弹，刚体通频带一般距离弹性振动频率较远，在确保刚体稳定的条件下，可通过加强姿控系统高频滤波性能和提高设计稳定裕度的方式抑制高频动态信号和非线性特性的影响。有时这种抑制是自然完成的，比如早期的机械类角速率陀螺本身敏感的频率范围较低，高频的姿态角信息会被自动滤除。

随着导弹防御系统的日益强大，为了提高战术导弹突防生存能力，机动性能指标要求越来越高。为满足高机动性要求，一方面现代战术导弹外形及控制面逐渐复杂化，从而带来了弹体结构和操纵机构结构动力学特性复杂化，另一方面，高机动性意味着对控制系统动态特性的高要求。这种情况下，就需要对较宽频带的结构动力学特性有准确的掌握，所以，一般在研制后期采用正式产品通过全弹伺服弹性试验，比较全面地获取整个控制系统传递特性、死区、间隙、摩擦力、非线性特性、极限及结构共振的情况，确保各环节动力学特性的综合能准确、完备地描述完整的导弹动力学特性，避免或解决伺服弹性问题。

1.3　战术导弹结构动力学工程问题

1.3.1　空间弯曲导弹弹性振动数学模型

目前，战术导弹姿态稳定系统设计通常是按控制通道（俯仰和偏航）进行的。为了与姿态控制的通道对应，传统的导弹横向弹性设计数学模型也都是在象限平面内建立的，即将导弹横向弯曲模态假设在象限平面内。此模型对于弹体刚度沿周向分布比较均匀或者弯曲主振方向就在象限线上或靠近象限线的情况是合理并且充分的，但对弯曲模态主振方向偏离象限线较远的情况并不适用。

为了解决此问题，需要突破传统建模的限制，基于空间弯曲梁振动假设研究导弹弹性振动的数学模型，讨论空间弯曲弹性振动对姿态控制的影响。研究发现，与传统弹性设计模型不同，对于主振方向偏离象限线较远的导弹，俯仰或偏航姿态角不再是只受一个方向的弯曲模态影响，而是每个通道的姿态角都受正交的两个方向的同阶模态影响，即所谓的"双模态"现象，传统弹性设计模型是"双模态"弹性设计模型的一种特例。

1.3.2　截面剪切系数计算的新进展

目前，战术导弹结构动力学分析还是以梁模型为主。与 Bernoulli‐Euler 梁理论相比，Timoshenko 梁理论考虑了截面剪切变形的影响，基于 Timoshenko 梁理论计算的模态参数结果更准确，因此被普遍采用。

Timoshenko 梁模型中定义了剪切系数，用于描述剪应力沿梁截面的变化。剪切系数的计算有多种观点及计算公式，要获得合理的剪切系数比较困难，学术界对于 Timoshenko 梁截面剪切系数的计算也没有普遍认可的解决方法，因而寻求精确的截面剪切系数对于工程应用和学术研究都具有十分重要的意义。

本书作者基于能量原理，采用梁截面剪应力分布的精确解，得到了悬臂梁纯弯曲变形和弯扭耦合变形条件下梁截面剪切系数的计算方法[8]，并研究了外力偏心距对剪切系数的影响，该方法运用于战术导弹结构动力学建模，取得了良好的效果。

1.3.3　活动式连接结构模态试验

为了追求实战使用的快速性，有的战术导弹弹头和弹体之间采用活动式快速连接方式进行连接，例如类似高压锅的多瓣旋转加销钉定位连接。这类连接往往使导弹在连接面处存在明显的刚度不连续和刚度非线性。然而，在控制系统的设计当中，为了简化设计，需要对这种非线性刚度进行线性等效，如何等效就显得尤为重要。

一般活动式连接的刚度随连接面受载情况变化，因此为了考察和评定外载荷对连接面刚度和全弹动力学特性的影响，有学者提出了一种不同于常规全弹模态试验的新模态试验技术——加载试验技术[9]，即在全弹模态试验当中，模拟外界载荷工况，依次考察载荷对全弹动力学特性的影响。为了研究不同振动量级对连接结构等效刚度的影响，进行模态试验时，采用不同的振动量级进行试验。采用这两种试验方式，可以全面考察全弹动力学特性随载荷和振动量级的变化情况，从而对导弹连接方式设计的合理性进行评估，也为进一步的姿态稳定系统设计提供依据。

1.3.4　工作模态识别

尽管目前战术导弹的模态数据可以通过地面全尺寸模态试验和有限元方法分析获得，但是无论有限元方法还是试验方法，都无法综合考虑气动加热、外部气动力、飞行过载、飞行的刚体运动和发动机工作等全部因素。这些因素的影响主要表现在：气动加热引起的热应力作用和弹性模量变化对模态参数的影响、截面载荷引起的连接面刚度变化对模态参数的影响、结构的非线性对模态参数的影响、飞行运动对导弹横向模态参数的影响、发动机内压引起的壳体刚化对模态参数的影响等。上述因素不仅影响战术导弹的模态频率，还影响其模态阻尼特性，设计结果与飞行结果的这种差异，使得控制能力挖潜、设计裕度的准确把握和研制难度的降低等方面无法深入开展，难以满足未来战术导弹研制高性能、低成本、短周期的发展需求。因此，近年来发展了工作模态识别方法，即不需要人为激励，仅通过离线或在线使用导弹飞行中的测量数据识别导弹的模态参数。

通过工作模态辨识技术研究战术导弹结构模态参数天地差异，指导其动力学特性设计，对于动载荷设计、姿控设计、天地差异研究和系统优化设计均有非常重要的意义。

1.3.5　轴向运动效应的影响

以往人们在进行战术导弹模态参数计算时，只考虑其质量分布和刚度分布，并不考虑轴向运动效应影响。但从 20 世纪 60 年代 Mote 发现带锯等物体的轴向运动对其横向振动特性和结构稳定性的影响后，部分学者以高超声速飞行导弹为背景，研究了轴向运动自由-自由梁的横向振动特性。

研究发现，轴向运动会改变导弹的横向模态，加剧弹体结构的横向振动，甚至发散，影响导弹的飞行稳定控制；对于吸气式高超声速飞行器，弹体横向振动还会影响发动机的进气量，从而影响推进系统的性能[10]。

尽管对现有的战术导弹而言，轴向运动效应的影响并不大，但随着战术导弹向着高超声速发展，飞行速度和过载越来越大，轴向运动效应会逐渐显现。

1.4　章节安排

本书的章节顺序按照战术导弹结构动力学设计的过程安排。

本书第 2 章至第 4 章属于经典模态理论和模态分析在战术导弹上的应用。第 2 章介绍以理论方法和有限元方法为基础的结构动力学特性分析，通过理论分析获得导弹模态参数；第 3 章介绍以试验方法和参数识别理论为基础的模态试验，通过试验获得导弹模态参数；第 4 章介绍以模态理论和优化方法为基础的模型修正方法，依据模态试验结果，通过模型修正，可获得合理可靠的导弹结构动力学有限元模型，经过了多型战术导弹型号试验的验证。

第 5 章介绍用于姿态控制设计的全弹弹性设计模型的建立。全弹弹性设计模型是弹性姿态稳定控制设计的基础。

第 6 章介绍控制系统及其各动态环节的传递特性测量试验。战术导弹结构动力学特性除了全弹整体模态对应的弹性振动运动方程及系数外，还包括惯组小系统传递、执行机构小系统传递、局部阻抗特性。另外，为了获得全面的结构弹性与控制系统耦合特性，采用伺服弹性试验获取完整姿态控制系统开环传递特性的方法也在第 6 章进行介绍。

第 7 章介绍在作者及其团队在战术导弹研制中对一些新的结构动力学工程问题的研究成果，包括"双模态"现象、截面剪切系数计算、活动式连接结构模态试验、工作模态识别和轴向运动效应的影响等，其中大部分内容是近年来航天结构动力学研究的热点。

参 考 文 献

［1］ 邹经湘，于开平．结构动力学［M］．哈尔滨：哈尔滨工业大学出版社，2009．

［2］ 龙乐豪．总体设计（上）［M］．北京：宇航出版社，1989．

［3］ 赵人濂．火箭的载荷、模态和环境设计原理［M］．北京：中国运载火箭技术研究院，2010．

［4］ PEETERS B，HENDRICX W，DEBILLE J，et al. Modern Solutions for Ground Vibration Testing of Large Aircraft［OL］. Sound & Vibration，2009，Jan：8 - 15．

［5］ NOLL R B，ZVARA J. Structural Interaction with Control Systems［R］. NASA SP - 8079，1971．

［6］ LEMKE P R，TUMA M L，ASKINS B R. Integrated Vehicle Ground Vibration Testing of Manned Spacecraft：Historical Precedent［R］. MSFC - 795，2008．

［7］ 陈明凤，刘炜，金玉华．折叠舵间隙非线性颤振分析研究［J］．现代防御技术，2013，41（1）：15 - 30．

［8］ 王乐，王亮．一种新的计算 Timoshenko 梁截面剪切系数的方法［J］．应用数学和力学，2013，34（7）：756 - 763．

［9］ 王建民，李国栋，黄卫瑜．带有连接结构的导弹动特性试验研究方法［J］．强度与环境，2006，33（1）：52 - 58．

［10］ 王亮．轴向运动梁动力学及控制研究［D］．江苏 ：南京航空航天大学，2012．

第 2 章　结构动力学建模与分析

2.1　概述

  战术导弹结构系统都是连续弹性体，其质量与刚度具有分布的性质，只有掌握无限个点在每瞬间的运动情况，才能全面描述系统的振动。实际分析中，可通过适当的简化，将系统离散为有限多个自由度的模型来进行分析，即将系统抽象为由若干集中质量块和弹性元件组成的模型。如果简化的系统模型中有 n 个集中质量，则需要 n 个独立坐标来描述它们的运动，系统便是一个 n 自由度的系统，且系统的运动方程是 n 个相互耦合的二阶常微分方程。

  对于多自由度系统的振动微分方程，可以采用模态分析的方法，将线性定常系统振动微分方程组中的物理坐标变换为模态坐标，使方程组解耦，成为一组以模态坐标及模态参数描述的独立方程，从而求出系统的响应。

  模态分析是研究结构动力学特性的一种近似方法，是系统辨识方法在工程振动领域中的应用。模态是机械结构的固有振动特性，每一个模态具有特定的模态参数，主要包括频率、阻尼比和振型等。这些模态参数可以由计算或试验分析取得，这样一个计算或试验分析过程称为模态分析。这个分析过程如果是由计算方法取得模态参数的，则称为计算模态分析；如果通过试验方法获得模态参数，则称为试验模态分析。本章提及的模态分析主要是指计算模态分析。

  本章讲述结构模态分析的理论基础、建模规程和参数说明，主要涉及战术导弹横向弯曲动力学建模，有关战术导弹纵向动力学建模和扭转动力学建模可以此为参考，最后介绍了战术导弹动力学建模的一般方法。有关战术导弹试验模态分析的内容将在第 3 章介绍。

2.2　动力学方程

动力学问题的求解主要包括三步：首先建立动力学方程，其次求解齐次动力学方程，最后根据模态参数计算外力载荷导致的系统响应。其中，动力学方程可以通过考虑系统动力学平衡或借助系统能量的概念和拉格朗日方程得到，系统的模态参数可以从齐次动力学方程中得到。

对于无阻尼系统，离散的结构动力学方程可以用矩阵表示为

$$M\ddot{x} + Kx = F \tag{2-1}$$

式中　M——质量矩阵；

　　　K——刚度矩阵；

　　　x 和 $\ddot{x}$——位移和加速度矢量；

　　　F——外力矢量。

一般来说，n 自由度系统的位移可以由各阶模态位移表示为

$$x = \Phi q \tag{2-2}$$

式中　Φ——振型矩阵；

　　　q—— $q = [q_1\ q_2\ \cdots\ q_n]^T$，$q_n$ 是第 n 阶模态位移。

将式 (2-2) 代入式 (2-1)，可得

$$M\Phi\ddot{q} + K\Phi q = F \tag{2-3}$$

两端左乘 Φ^T，可得

$$\Phi^T M\Phi\ddot{q} + \Phi^T K\Phi q = \Phi^T F \tag{2-4}$$

根据模态正交性

$$\Phi^T M\Phi = \overline{M} \tag{2-5}$$

$$\Phi^T K\Phi = \omega^2 \overline{M} \tag{2-6}$$

式中，$\overline{M} = \mathrm{diag}([M_1\ M_2\cdots M_n])$ 为模态质量矩阵，$\omega^2 = \mathrm{diag}([\omega_1^2\ \omega_2^2\cdots\omega_n^2])$，$\omega_n$ 为第 n 阶圆频率。

将式（2-5）和式（2-6）代入式（2-4），可得

$$\ddot{q} + \omega^2 q = \overline{M}^{-1}\boldsymbol{\Phi}F = \overline{M}^{-1}Q \qquad (2-7)$$

式中，Q 代表广义力。式（2-7）是以 q、ω、$\overline{M}$ 和 Q 表示的一组解耦方程组。通过上述方程及初始条件可以确定 q，将其代入式（2-2）后，即可得到系统的全部响应。

为了确定无阻尼系统的固有频率和振型，可假设系统为简谐运动，并令外力为零，则式（2-1）可以写为

$$-\omega^2 Mx + Kx = 0 \qquad (2-8)$$

此即为系统广义特征值方程，运用迭代法[1]可得到系统的固有频率和振型等模态参数。

2.3　动力学建模

结构动力学分析的基本方法是，首先建立系统的数学模型，从系统特性中获得质量与刚度模型，然后计算系统的模态，最后运用模态理论得到外力激励下系统的响应。由于结构动力学分析是建立在数学模型基础上的，所以分析结果的好坏与动力学模型构建的质量密切相关。

本节讨论战术导弹横向弯曲动力学建模技术和规程，纵向动力学模型和扭转动力学模型的构建可参照进行。本节描述的横向弯曲模型与战术导弹整体横向运动相关，不包括导弹壳体径向弯曲模态（工程上也称之为"呼吸模态"，这种模态对局部效应分析影响很大，但不影响导弹的总体控制与稳定性）。针对扭转动力学模型，也只与战术导弹整体的扭转运动有关，而不包括与稳定性控制无关的壳体切向偏移模态。

战术导弹通常以锥—柱壳结构为主承力结构，其主要的质量部件（如推进剂、战斗部和头罩等），均呈轴对称分布，这样可以保证系统一般不会出现横向、纵向和扭转方向低阶模态的耦合。

　　战术导弹动力学建模时，一般将弹体的锥—柱壳结构简化成梁结构，将推进剂等主要质量看作分布质量，同时将局部刚度等效为拉簧和扭簧，或通过试验/分析手段确定其刚度矩阵。工程上，一般用理想的集中质量模型代替连续结构，此时应关注系统的主导因素（如主体质量、主体结构等）。离散模型是将梁的节点简化成集中质量而形成的，这些点理想地被认为是分布质量集中的点。

　　因此，战术导弹横向弯曲动力学模型可以采用弹性梁串联集中质量的方式进行描述。同时，通过逐步精细化模型，例如引入多载荷路径的分枝梁、利用拉簧或扭簧将集中质量连接在梁上、引入其他可能的独立结构或部件，来满足一些特定问题的需求，这样就可以模拟系统的主要运动。

2.3.1　结构刚度的等效

　　战术导弹结构刚度建模时，梁单元的截面刚度由反映结构截面特性的尺寸和材料性能参数确定。对于战术导弹锥—柱壳结构中常见的薄壁加筋结构（又称半硬壳结构），见图 2-1（a），其纵向构件（桁条和梁）和蒙皮是主要承力结构。网格加筋结构的梁单元等效为反映拉压、弯曲和扭转刚度的薄壁圆柱壳结构，其截面形式见图 2-1（b），当量厚度按式（2-9）计算

$$\begin{cases} \bar{\delta}_1 = \delta + \delta_h \\ \bar{\delta}_2 = \delta \end{cases} \qquad (2-9)$$

式中　$\bar{\delta}_1$——壳段的拉压、弯曲当量厚度；

　　　$\bar{\delta}_2$——壳段的扭转当量厚度；

　　　δ——壳段的蒙皮厚度；

　　　δ_h——纵向构件的当量厚度。

$$\delta_h = \frac{\sum A_i}{\pi D} \cdot \frac{E_h}{E}$$

式中　A_i——纵向构件的横截面积；

E_h ——纵向构件材料的弹性模量；

E ——壳段材料的弹性模量；

D ——壳段的外径。

 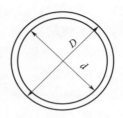

(a) 蒙皮加筋圆柱壳结构　　　　(b) 截面简化模型

图 2 - 1　蒙皮加筋圆柱壳结构及截面简化模型

对图 2 - 2 所示的化学铣切壁板网格结构，正置正交网格、斜置对称方格网格结构的当量厚度分别按式（2 - 10）和式（2 - 11）计算。

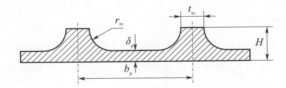

图 2 - 2　壁板网格加筋结构横截面示意图

$$\begin{cases} \bar{\delta}_1 = \delta_s + \dfrac{r_w}{b_s}(t_w + 0.429 r_w) \\ \\ \bar{\delta}_2 = \delta_s \end{cases} \tag{2-10}$$

$$\begin{cases} \bar{\delta}_1 = \delta_s + \dfrac{r_w}{b_s}(t_w + 0.429 r_w) \\ \\ \bar{\delta}_2 = \delta_s + \dfrac{2r_w}{b_s}(t_w + 0.429 r_w) \end{cases} \tag{2-11}$$

式中　δ_s ——壁板网格结构壁板厚度（$\delta_s = H - r_w$）；

H ——壁板网格结构加强筋的高度；

r_w ——壁板网格结构加强筋的过渡圆角半径；

b_s ——壁板网格结构加强筋之间的距离；

t_w ——壁板网格结构加强筋的宽度。

对金属壳体加防热层的结构，防热结构的刚度是否计入应根据防热结构厚度及防热材料弹性模量确定，一般复合材料防热套的刚度应计入，而防热涂层的刚度则可以忽略。金属壳体加防热层结构的等效抗弯刚度和等效抗扭刚度按式（2-12）计算

$$\begin{cases} \overline{EI} = EI + E_f I_f \\ \overline{GJ} = GJ + G_f J_f \end{cases} \qquad (2-12)$$

式中　$\overline{EI}$ ——等效抗弯刚度；

$\overline{GJ}$ ——等效抗扭刚度；

E ——壳段材料的弹性模量；

E_f ——防热层材料的弹性模量；

G ——壳段材料的剪切模量；

G_f ——防热层材料的剪切模量；

I ——壳段材料横截面对横轴的惯性矩；

I_f ——防热层材料横截面对横轴的惯性矩；

J ——壳段材料横截面对纵轴的极惯性矩；

J_f ——防热层材料横截面对纵轴的极惯性矩。

此外，对于战术导弹结构中锥角较小的锥段结构，应采用变截面梁单元进行建模；对锥角较大的锥段结构或需要计算局部振型斜率的弹体结构，应建立三维有限元模型，三维模型与梁模型之间采用多点约束进行连接，但要求尽量避免由此带来的局部刚度硬化。

2.3.2　质量和转动惯量的选取

战术导弹通常由多级组成，按质量来说主要包括：推进剂、战斗部和头罩，以及一些较大的设备等。其中，占比最大的质量就是推进剂的质量，因此其在战术导弹模型中举足轻重，推进剂模型对

于发射阶段及拥有较少级数的战术导弹来说尤其重要。在燃烧阶段，推进剂的质量随时间逐渐减小，这也使得在任何特定的瞬间，战术导弹的质量是恒定的这个假设成立。基于该假设的分析通常被称为时间片法或冻结系数法，并且适用于大多数问题。

　　一般来说，分布的质量和转动惯量可简化成离散的集中质量点，即质量分站。质量分站的个数决定了模型的自由度数，也确定了动力学方程的个数，更影响了所要计算的弯曲模态的阶次。自由度数越多，模型就越接近于连续系统，其结果精度就越高，但其求解就越困难。对于一维梁弯曲模型，所需质量分站的个数一般应为弯曲模态最高阶次的 10 倍。例如，若计算某系统的前 3 阶弯曲模态，则应该采用至少 30 个质量分站来构建梁模型。需要注意的是，模型在这方面会遵循"收益递减"规律，每一个增加的质量/惯性项都会增加模型的准确性，但是增加的程度会越来越小。此外，随着阶次的增加，更高阶模态的准确性会快速降低。对于复杂模型（如带有分枝梁），这一原则不一定严格适用。对于一个分枝系统，这一原则只对主梁或当分枝梁的集中质量分布与主梁相类似的情况下才适用。由于系统和单梁的概念不同，其解法更多地要依赖于研究人员的经验。

　　战术导弹的其他部分，如战斗部和头罩等，与其低阶模态也非常相关，但它们的建模要求不像推进剂那么苛刻。如果这些部分相对来说刚度较大（拥有高解耦的频率，且大于战术导弹模态分析最高阶频率），则它们可以采用集中质量来表示，并被视为梁自身部分的质量单元。如果它们拥有低解耦的频率，弹性地安装在主结构上，且它们的存在会显著地改变全弹高阶弯曲模态的特性，那么必须建立详细的模型来表示。

　　若用离散的集中质量准确地代表分布质量，则需要将分布质量关于此点的转动惯量考虑在内。考虑到转动惯量对前两阶弯曲模态的影响很小，也可参照参考文献 [2] 的做法对其忽略不计。该文献在考虑和不考虑转动惯量的两种情况下，对某战术导弹的模态参数进行了计算对比。结果表明，对于前两阶模态，模态参数的差异都在 10％以下，绝大部分差异在 5％以下；对于第三阶和第四阶模态，差异通常小于 20％，个别的最大差异达到 100％。因此，建模时应考虑转动惯量，以更好地描述结构特征。

2.3.3　固体推进剂的影响

战术导弹的推进剂在系统总质量中的占比很大，可以看作是固接在理想梁上的刚体或分布质量。推进剂颗粒的力学行为与粘弹性体相似，因此在计算导弹的弹性特性时，需要以某种方式描述这些粘弹性质量。最简单也是最直接的方法就是把固体颗粒看成是附着在发动机壳体上的刚性惯性质量，尽管这种方法有一些缺点，但得到了广泛的应用，并且已证实这种方法的确能够得到令人满意的结果。

参考文献 [3] 和 [4] 采用固体颗粒的粘弹性特性对弹体模态进行了全面的分析，然而通常认为不需要将这方面的分析考虑到导弹的横向弯曲研究中。战术导弹模态参数计算中不考虑推进剂粘弹性特性的主要原因包括：1) 固体颗粒对于大长细比的导弹来说并不是特别重要，目前大多数的推进剂和壳体材料的弹性模量比值是 0.000 2 或者甚至更小，因此它对弯曲刚度的影响相比于战术导弹发动机外壳来说小多了；2) 固体颗粒自身的可变特性，考虑到粘弹性效应对于模态的影响相对较小，因此战术导弹横向弹性模型中忽略了粘弹性效应。针对不同类型发动机进行的弯曲模态试验都表明，这种忽略并不影响计算结果的适用性。

上面的分析并不表明固体推进剂的粘弹性特性在所有问题中都不重要。在某些情况下，尤其是纵向模态的研究中，它的确是重要的影响因素。此时，需要考虑推进剂的质量和剪切刚度，建立一个简单的模型。模型中，推进剂药柱可以考虑用适当的弹簧连接，其纵向刚度主要取决于推进剂的纵向剪切刚度。

参考文献 [5] 对战术导弹的结构动力学进行了详细的分析，包括固体推进剂材料的应力－应变准则，并在战术导弹连续性假设下考虑了一系列问题。

2.3.4　发动机摆动喷管的构建

　　战术导弹的推力矢量控制主要是通过导弹发动机的摆动喷管来实现的。摆动喷管的旋转会在弹体上引起惯性力，此惯性力对弹体的干扰是相当可观的。当发动机摆动喷管以特定频率的正弦方式旋转时，惯性力的横向分量可以与推力的横向分量大小相当，而对于高频的情况甚至可以超过横向推力分量。推力矢量位移由以下两个因素决定：1）当伺服定位系统锁定时，弹性模态中所包含的位移（包括发动机悬置系统和作动机构的柔度）；2）用来描述伺服定位系统伴随运动效应的附加旋转自由度。为了在分析过程中对发动机和控制系统进行充分的描述，必须将发动机特性考虑到导弹的横向弯曲模型中，唯一例外的是当导弹的模态频率远远低于发动机摆动喷管频率时。

　　通过在战术导弹一维梁模型的适当位置附加一个质量和转动惯量，可将摆动喷管并入导弹的横向模态分析模型中。由于发动机自身是非常刚性的，因此通常被视为弹性系统的只有悬挂结构和作动系统。这个结构一般比较复杂，因此为了正确地进行仿真，经常要用到实测数据。其中一个测试就是振动测试，目的是确定发动机摆动喷管的共振频率，并使用这些结果获得一个连接发动机摆动喷管和导弹的等效旋转弹簧刚度。这个频率比较低，经常会落在导弹的低阶弯曲频率范围内，因此往往会对稳定性产生显著的影响。

2.3.5　分枝梁的构建

　　战术导弹中需要构建为分枝梁的部件主要有：包裹在舱内的战斗部或整体子弹、发动机、喷管、翼、舵和进气道等结构，以及质量较大的设备和安装支架等。由此，需要对这种布局建立实际的模型描述，这不仅是为了获得真实的战术导弹总响应，也是为了研究部件之间可能存在的相互作用。有些分枝结构与主梁多点连接，存在多重传力路径，可以由从主平面梁分枝出来的分枝梁进行体现。只要分析是限制在一维运动上，并且考虑到接头的兼容关系很容易满足这一事实，那么分枝梁也就不会引起更多的明显的复杂性。分枝梁通过两种方式与主梁连接：其一，通过二级梁单元；其二，通过将连接结构简化成横向线弹簧和扭簧。

通常来说，这些分枝梁相对全弹的质量较小，不会显著地改变导弹的整体模态，除非可以说明产生了两个分枝梁相位相异但频率几乎相同的附加模态。

如果这些分枝梁相对全弹的质量较大，且显著地改变了导弹整体的结构构型，即破坏了全弹的轴对称性甚至是面对称性，使得横向弯曲模态变得非常复杂，此时，为了描述导弹模态，需要考虑这些分枝梁在各个方向上的自由度。初步设计中，只需选择近似对称面，利用分枝梁模型在俯仰和偏航平面内对导弹横向弯曲模态进行分析，其中分枝梁靠拉簧和扭簧连接到导弹的主体结构上。

为了说明分枝梁因战术导弹主体结构的扭转位移以及弹性连接而在上述两个方向上产生的运动，需要做很多准备工作。分枝梁的纵向运动很有可能与战术导弹主体结构的横向弯曲运动发生耦合，也可能与扭转运动发生耦合，参考文献 [6] 中建立了这两种耦合情况下的柔度矩阵。如果通过分析（或测试）发现一些对称面以及一些对特定问题并不那么重要的耦合机制，那么就可以利用完整分析（或测试）所得结果建立一个数学模型来描述仅仅感兴趣的那部分模态。

2.3.6　局部结构的影响

战术导弹动力学建模的主要困难就是局部结构的影响，比如战斗部的安装支架、空气舵舵轴系统、摆动喷管支座等，以及舱段的弱刚度连接端面和局部开口。由于战术导弹的部段壳体较厚，局部结构的刚度将成为低阶模态的主要影响因素，因此需要仔细分析。

对于安装支架、空气舵舵轴系统、摆动喷管支座等，它们能把载荷传到柔性外壳上，这些局部结构的刚度可以通过计算得到，但

建议要通过试验进行验证。为了确定其影响，可以用一个粗略的摆
－弹簧质量模型来确定还有没有进一步考虑的必要。一般来说，对
于承载较大质量的部件都应该仔细进行研究，才能对它们在导弹横
向弯曲模型中的影响进行合理的描述。

对于战术导弹的弱刚度连接端面，如内－外翻边连接结构、柔
性喷管连接结构、螺栓数目较少的连接面等，在弯曲模态中该弱刚
度连接会引起截面转角不连续现象，可采用弹簧单元模拟。但还是
建议通过改善结构设计及生产工艺来保证对接端面的刚度。

对于舱段结构的大开口对结构局部刚度的影响，如操作口、电
缆口等，在弯曲模态中这些开口会引起模态不对称现象，可通过对
相应单元的刚度进行调整或采用壳单元进行建模。

2.3.7　局部非线性因素

如果系统存在明显的非线性，那么系统本身及其响应就不能再
用传统的模态方法进行分析。参考文献［2］利用准正则模态和
Rayleigh－Ritz 分析方法对一个具有非线性弯曲刚度的分离接头的特
性进行了研究。分析中假设模态振型由两部分组成：一部分是将分
离接头看成具有无穷大刚度时导弹本身的模态；另一部分是附加模
态，即将一个集中非线性扭簧置于导弹的分离接头上而将导弹的其
余部分都视为刚体时的模态。由拉格朗日方程可以得到模态坐标下
的联立方程，其中弹性模态与非线性弹簧模态具有惯性耦合。

为了进行弯曲稳定性分析，需要在方程中添加控制传感器、发
动机和控制系统的模型描述。由于弹体结构和发动机伺服作动器均
存在非线性，可以利用计算机进行方程求解。这项研究提供了一个
通过模型修正方法对局部特性进行刻画来求解有关非线性特征结构
问题的方法。

2.3.8　温度的影响

战术导弹的主要结构会承受较大的温度变化，从低温到气动加

热产生的高温，温差有几百摄氏度。温度的上升会降低材料的弹性
模量，进而降低结构频率并且改变振型。当空气动压达到极值后，
对导弹的某些部位，需要考虑温度应力的影响。然而，温度应力产
生的几何刚度效应对战术导弹结构动力学特性影响不明显，其原因
在于细长弹体的热变形约束较小。导弹不同部分的加热情况可以预
测到一定的误差范围内，此时可使用模态分析方法研究模态参数相
应的变化。

2.3.9　轴向载荷的影响

战术导弹飞行过程中，纵向过载会引起弹体的轴向载荷，轴向
载荷会产生一个附加弯矩的作用，从而加剧了弯曲变形，这种加剧
的弯曲变形和不计轴向载荷的影响相比较，相当于削弱了结构的弯
曲刚度，由此导致横向弯曲模态频率略微减小。

在轴压载荷 P_0 作用下的第 n 阶横向弯曲频率 f_{nP} 为

$$f_{nP} = f_n \sqrt{1 - P_0 / (P_{cr})_n} \qquad (2-13)$$

式中　f_n ——无轴载的第 n 阶横向弯曲频率；

$(P_{cr})_n$ ——与第 n 阶振型一致的第 n 阶轴压失稳载荷。

一般而言，战术导弹的轴压载荷 P_0 远小于轴压失稳载荷
$(P_{cr})_n$，因此，总的来说，轴向载荷对其弯曲频率的影响很小。

然而，轴向载荷的作用会提高连接面刚度，从而使弯曲频率提
高，这在存在活动式连接结构的战术导弹上影响更为明显。

当考虑轴向载荷的影响时，可通过推力产生的轴向过载系数乘
以模型中各质量分站处集中质量所得的惯性力，作为作用于各分站
的轴向载荷。

2.3.10　横向—扭转—纵向模态耦合

进行典型轴对称锥-柱壳战术导弹模态分析时，一般假设横向、
扭向与纵向运动互不耦合。由于战术导弹并非完全轴对称，因而横
向、扭向和纵向之间会存在一定程度的耦合。战术导弹的类型不同，

耦合的重要性也会不同。即使从飞行或试验数据中了解到耦合的存在，确定它还是非常困难的。耦合问题常常发生在两种模态的模态频率非常接近时，即使很小的耦合因素（比如质心偏离弹体轴线），都可能导致耦合运动。因此需要比较三个方向上的模态频率，才能确定是否存在频率几乎相同的模态。如果出现了这种情况，那么必须对其进行检验，因为这可能会导致很严重的问题。

对于具有不对称上面级或头罩的战术导弹而言，它会在多个方向上产生低阶模态的耦合，这样模态分析就会变得非常复杂。为了对这种非对称构型合理建模，需要对非对称部段进行详细的描述。通过初步工作可以确定应选用何种复杂度的适当模型，以便准确地进行稳定性分析和载荷分析。

2.3.11　阻尼效应

由于材料的应变滞后现象和结构运动副中存在库仑摩擦等因素，耗散（阻尼）力广泛存在于各类振动结构中。弄清楚阻尼效应的本质是非常困难的，只能利用经验对其进行近似处理，即用等效粘滞阻尼表示这些分散的耗散机制的总效应，并根据实际情况施加到每阶模态中。一般假设各模态之间不会因为阻尼而产生耦合，虽然这种假设并不完全真实可信，但是可以采用以下两个观察结果来保证这样做的合理性：

1）实际的阻尼很小，且通过试验发现它只会导致很小的模态耦合。这样，被激发的可能是纯粹的正则模态，并且观察到系统是简谐振荡衰减，这个现象表明速度相关的耦合非常小。

2）如果想要表明速度相关的耦合，那么其系数就只能通过试验来确定。既然阻尼系数都已很难直接测出，很显然通过引入更多的不可信数据就很难再提高研究的精确度。

结构的阻尼力是模态广义坐标下挠度的函数，且与该模态广义坐标下的速度同相位。要把这种阻尼处理成粘滞阻尼，则要求相应的模态具有准简谐的振动形式，如此就可以将该阻尼力表示成阻尼

因子 ξ_n，其中 $2\xi_n\omega_n\dot{q}_n$ 为第 n 阶模态每单位模态质量的内部阻尼力。

战术导弹横向速度产生的气动阻尼力对于弹上任意点都会引起一个很小的攻角，与攻角有关的气动力与横向运动相抗衡，由此消耗能量。气动阻尼力是 $\dot{q}_n$ 的函数。通常情况下，战术导弹的气动阻尼对于动载荷分析影响不大，但对于一些构型，如钝头体及带翼的战术导弹载荷分析来说，就需要考虑气动阻尼的影响。

2.3.12　利用模态综合法增加部件

对于有多个部件的系统，其每个部件都可以建立运动方程，这些运动方程可以写成很简洁的解耦形式，物理上认为这些部件之间互不相连。为了组成一个系统，各部件之间存在一系列的连接关系，这需要各部件连接点的位移相等。如此处理是与部件坐标系与系统坐标系之间的转换相对应的，具体转换的细节取决于要分析的系统。

由此，在计算复杂系统模态时，可以先计算单个部件的模态，然后利用各部件模态，通过满足部件之间连接点位移的连续性，得到系统整体的模态，这种方法称为模态综合法。这一方法，假设部件的重要运动可以用少量的模态来表示，由此就可以采用较少的坐标来求解复杂系统。工程上，可以采样这种方法分析特定区域或部件变化对导弹整体模态的影响[7,8,10,11]。

理论上讲，模态综合法中使用的模态越多，结果会越准确，但这需要依靠经验判断进行处理。计算部件变化的导弹的横向弯曲模态时，有以下三种可选方案：

1）将部件作为附加的弹簧－质量添加到梁模型中进行模态计算。

2）先将部件质量考虑成刚性部件质量进行模态计算，然后考虑增加弹簧－质量模型，同时从弯曲模态中减掉刚性部件质量的效应，再利用模态综合法将二者综合起来，这个综合过程中既包含惯性耦合，也包含弹性耦合。

3）使用刚性质量模型进行模态计算，同时将部件质量的影响考虑成弹簧－质量模态，再利用模态综合法将二者综合起来，这种综合过程仅包含弹性耦合。

这种方法对于确定一个不同头罩的战术导弹的固有模态是非常有用的，通过分别计算没有头罩的战术导弹的固有模态和头罩的固有模态，然后可以根据这些模态确定不同头罩下的系统模态。

该方法的优点在于将分析得到的模型数据与试验得到的模型数据结合起来。对于大型系统，单独部件的模态可以通过试验测试确定，而对于整个结构的试验测试有时是无法完成的。

2.3.13　基于试验结果的模型修正

数学模型要通过与试验数据的比较进行最终验证。上面已经分析讨论过数学模型，对试验模型则围绕试验悬挂系统效应以及适合悬挂系统的导弹修正模型展开讨论。没有通用的规则可以保证数学模型与试验模型之间的完全一致性。在对数据和结构仔细检查之后可以发现，仍有很多地方表现不充分或者试验产品不合理，产生这样差异的原因如下：

1）试验环境中悬挂系统的影响；

2）运动副或连接桁架的刚度；

3）假设的对称面不准确；

4）较大部件的影响，如发动机、战斗部和头罩等；

5）试验模态不纯，即非正交或包含其他模态成分；

6）转动惯量的影响；

7）非线性。

参考文献［9］给出了一种由试验模态数据得到柔度矩阵的方法。它利用分析得到的质量分布对试验模态进行正交化，导出结构的柔度矩阵。如果有了完整而又准确的试验数据，那么这种方法对一个难以建模的系统可能会有用。利用这种方法也可以找出分析结果与试验结果之间可能存在的差异。

第 4 章将就动力学模型修正问题进行详细介绍。

2.4 模态参数求解

由微分方程描述的系统模态参数求解最终可转化为经典的特征值求解问题，如式（2-8）所示。对于一个线性微分方程，可以求解其连续精确解，对于一系列微分方程，可以求解其近似解。对于自由系统横向弯曲振动，起主要作用的是低阶模态，因此仅需分析其近似解。近似求解时，通常采用两种方法描述系统：第一种方法，系统被分解为有限个梁单元，单元之间通过无质量的弹性元件连接，如 Holzer - Myklesta 法[10]、Stodola - Vianello 法[11]；第二种方法，系统采用假设函数来描述，如 Rayleigh - Ritz 法[12]。这些方法适用于针对简单结构的编程计算，所得的模态频率精确，但是模态振型不够准确。

当前，对于战术导弹的梁－板－壳组合模型，通常采用商用有限元软件（如 ANSYS、ABAQUS 和 NASTRAN 等）来进行动力学分析，获取模态参数。ANSYS 提供了七种模态计算方法，分别是子空间法、分块 Lanczos 法、PowerDynamics 法、缩减法、非对称法、阻尼法和 QR 阻尼法。其中，阻尼法和 QR 阻尼法允许在结构中存在阻尼。

为了进行动载荷计算、结构组件的动力学稳定性分析和姿态控制系统的弹性振动稳定分析，都必须知道结构的动力学特性。对战术导弹来说，一般需获取其前三阶的横向弯曲模态参数，包括频率、振型和模态阻尼比以及关键位置（如惯组、空气舵、燃气舵等）的振型斜率，计算给出导弹的模态质量和模态刚度。若导弹稳定性控制分析需要，还应给出其低阶纵向模态参数和扭转模态参数，以及关键位置的扭转转角。战术导弹模态振型、振型斜率和扭转转角均要求以指定位置进行归一化处理。动载荷计算时，还需要给出导弹各质量分站所在截面的模态剪力和模态弯矩。

2.4.1　固有频率和阻尼比

根据式（2-8）可以得到单自由度系统的固有频率

$$\omega_n = \sqrt{\frac{K}{M}} \qquad (2-14)$$

式中　ω_n ——系统的无阻尼固有频率；

　　　　K，M ——刚度和质量。

实际的工程结构件都是有阻尼的，其有阻尼固有频率表示为

$$\omega = \sqrt{(1-\xi^2)\cdot\frac{K}{M}} \qquad (2-15)$$

式中　ω ——系统的有阻尼固有频率（或称为自然频率）；

　　　　ξ ——系统的阻尼比。

阻尼特性反映了系统在振动过程中能量的耗散性能，是研究动力学问题的一个必不可少的重要方面。由于阻尼比随结构形式、材料、几何尺寸、构造、载荷等多种因素变化，因此其数值非常离散。各种机械系统中都存在着一定的阻尼，且形式多种多样。当前，阻尼可简单地分为内阻尼和外阻尼。内阻尼指的是微观结构产生的相互作用，以材料内摩擦为主，材料内摩擦耗能源于振动过程中原子换位所引起的能量损耗，这种阻尼在实际的结构阻尼中占的比例很小，不占主导作用。外阻尼是由系统和外部环境（如固体约束边界、流体液体和空气等）的摩擦作用、结构与填充材料的相互作用、结构内部裂缝之间的干摩擦、结构连接处的干摩擦等引起的能量耗散，这种阻尼在结构分析中占主导作用。

在有限元计算中，如果是实模态分析（不考虑非比例阻尼），那么求解得到的频率是无阻尼的固有频率，无阻尼系统的各阶模态称为主模态或实模态，各阶模态向量所组成的空间称为主空间，相应的模态坐标称为主坐标；如果是复模态分析（考虑非比例阻尼），那么求解得到的频率是有阻尼固有频率，有阻尼系统的各阶模态称为复模态，各阶模态向量所张成的空间称为复空间，其相应的模态坐

标称为复坐标。实模态和复模态是按照模态参数（主要指模态频率及模态向量）是实数还是复数来区分的。对于比例阻尼振动系统，其各点的振动相位差为零或 180°，其模态参数是实数，因此也为实模态。

工程实际中的结构，除了含有人工阻尼机制的结构外，一般阻尼比都小于 10%，因此阻尼对结构固有频率的影响是非常小的。需要指出的是，结构的阻尼比是无法通过计算得到的，通常需要通过模态试验来获取。

2.4.2 振型和振型斜率

通过式（2-8）得到系统的固有频率后，即可求出其对应的特征向量，由此解得的特征向量组成的矩阵就是振型矩阵。振型是系统的固有特性，与固有频率相对应，即对应固有频率体系自身振动的形态，每一阶固有频率都对应一种振型。多自由度系统振动的主振型相对质量矩阵和刚度矩阵具有正交性。模态分析中，振型主要用于得到模态质量和模态刚度，将质量矩阵和刚度矩阵转换成对角阵，由此可以把一个多自由度系统变成多个解耦的单自由度系统，即进行解耦。此外，借助初值条件，通过振型叠加还可以得到系统的振动响应。

战术导弹模态分析的主要目的是在结构动力学分析的基础上，获取姿态控制系统和载荷计算所需的按指定位置的指定自由度位移归一化的各质量分站处的位移和转角，即横向、纵向和扭转的振型和振型斜率，而不是按质量矩阵归一化的特征向量，归一化点应选取反映导弹整体模态、数值较大且易被试验验证的点，如导弹实际顶点。

对于任意一阶特征向量 $\boldsymbol{\psi}_r$，按指定位置归一化方法是选取该位置 3 个平动和扭转自由度分量中最大绝对值 $|u_r|$，将该特征向量除以 u_r，则相应的特征向量可表示为

$$\overline{\boldsymbol{\psi}}_r = \boldsymbol{\psi}_r / u_r \qquad\qquad (2-16)$$

式中　$\bar{\psi}_r$——归一化后的 r 阶特征向量。

导弹梁模型的每个节点有 3 个平动和 3 个转动自由度，归一化的特征向量 $\bar{\psi}_r$ 中沿弹体纵轴的平动部分表示该阶模态的纵向振型分量，沿 2 个横轴方向平动分别代表该阶模态的俯仰和偏航平面的振型分量；绕弹体纵轴的转角代表该阶模态的扭转振型分量，绕 2 个横轴的转角分别代表偏航和俯仰振型对应的振型斜率。这里的振型斜率，是指横向弯曲模态振型下结构横截面（或平面）法线方向的转角，其不只考虑由纯弯曲引起的转角，还考虑了由剪切引起的转角，可表示为

$$\beta = \theta + \gamma \qquad (2-17)$$

式中　β——梁单元的总转角；

　　　θ——梁弯曲引起的转角；

　　　γ——剪切引起的转角。

随着导弹结构尺寸的增加和结构形式的复杂化，速率陀螺等敏感元件安装位置局部振型斜率沿圆周方向的变化越来越突出，简单的等效梁模型只能获得导弹的整体模态信息，无法反映导弹结构的局部效应对局部振型和振型斜率的影响。因此，有必要在等效梁模型基础上对局部结构（见 2.3.6 节）详细建模。

2.4.3　模态质量和模态刚度

在物理坐标系下，质量矩阵和刚度矩阵通常是带有非对角元素的对称阵，这些非对角元素反映了系统的不同方程或不同自由度之间的耦合程度，这就给方程求解带来了较大的困难。通常做法是，在模态坐标系下借助模态基（或振型）的正交特性使得质量矩阵和刚度矩阵转换为对角矩阵，将多自由度系统解耦成为多个单自由度系统，由此方程求解大为简化。这样得到的对角矩阵（质量矩阵和刚度矩阵）称为模态质量矩阵、模态刚度矩阵，简称模态质量、模态刚度。

　　模态质量和模态刚度都是在模态坐标系下的定义，其只具有数学计算意义，没有实际的物理意义。不过，在模态坐标系下得到的数学参量可以通过广义反变换转化为物理系下的力学参量，比如利用模态质量和模态振型计算振动系统在特定工况下的运动方程式系数和动载荷，为稳定性分析和载荷计算提供重要依据。由此看来，振动系统的模态参数，如模态质量和模态刚度等，在导弹结构动特性设计中占据着重要的地位。考虑到模态质量与模态刚度的计算方法相同，本节仅对模态质量进行说明。

　　根据经典定义，模态质量矩阵等于系统真实质量左乘模态振型矩阵的转置，右乘模态振型矩阵，如式（2-5）所示。对于战术导弹来说，简化为弹簧-质量模型，采用经典公式（2-5）计算系统模态质量相当方便。因为物理质量 M 可以方便给出，模态振型 $\boldsymbol{\Phi}$ 可以通过模态分析直接得到，其模态质量公式相应扩展为

$$M_r = \sum_{j=1}^{N} m_j \cdot (u_{x_{rj}}^2 + u_{y_{rj}}^2 + u_{z_{rj}}^2) + \sum_{j=1}^{N} J_{x_j} \cdot \mathrm{rot}_{x_{rj}}^2 +$$

$$\sum_{j=1}^{N} J_{y_j} \cdot \mathrm{rot}_{y_{rj}}^2 + \sum_{j=1}^{N} J_{z_j} \cdot \mathrm{rot}_{z_{rj}}^2$$

$$(2-18)$$

式中　　M_r ——第 r 阶模态质量；

　　　　N ——集中质量分站总数；

　　　　m_j ——第 j 分站的集中质量；

　　　　J_{x_j}、J_{y_j} 和 J_{z_j} ——第 j 分站集中质量绕 x、y 和 z 轴的转动惯量；

　　　　$u_{x_{rj}}$、$u_{y_{rj}}$ 和 $u_{z_{rj}}$ ——第 r 阶模态第 j 分站在 x、y 和 z 方向上的归一化线位移振型；

　　　　$\mathrm{rot}_{x_{rj}}$、$\mathrm{rot}_{y_{rj}}$ 和 $\mathrm{rot}_{z_{rj}}$ ——第 r 阶模态第 j 分站绕 x、y 和 z 轴的归一化角位移振型。

　　对于梁-板-壳组合模型和三维实体模型来说，采用经典公式（2-5）计算其模态质量就很不方便。这是因为：其一，工程上，复

杂系统整体的质量矩阵还不能用简单公式人为地给出；其二，模态分析中，系统整体质量矩阵的提取方法较为复杂；其三，系统整体质量矩阵一般都是相当庞大的。参考文献［13］通过对动能公式的演化推导，得到了用于计算系统模态质量的简便公式

$$\overline{M} = 2E / \omega^2 \qquad (2-19)$$

式中　ω——系统模态频率矩阵；

　　　E——系统动能矩阵。

公式（2-19）简单、高效，适用于计算任何有限单元模型的模态质量。

2.4.4　模态剪力和模态弯矩

模态剪力和模态弯矩分别是指导弹梁模型按某阶归一化振型振动情况下，各截面产生的最大剪力和最大弯矩。对于战术导弹的弹簧-质量模型，其某阶的模态剪力和模态弯矩分别为

$$Q_n = \sum_{j=1}^{n} m_j \omega_i^2 u_j \qquad (2-20)$$

$$W_n = \sum_{j=1}^{n} m_j \omega_i^2 u_j l_j + \sum_{j=1}^{n} J_j \omega_i^2 \beta_j \qquad (2-21)$$

式中　Q_n，W_n——i 阶模态下第 n 个质量分站位置的模态剪力和模态弯矩；

　　　l_j——第 j 个质量分站和第 $j-1$ 个质量分站之间的距离。

2.5　示例

在战术导弹结构动力学分析时，一般采用梁-质量块模型对导弹进行建模。在使用有限元方法计算战术导弹动力学特性时，面对种类繁多的刚度与质量模型，选择何种梁模型及质量模型对模态结果有一定影响。对于内部带有分枝结构的战术导弹，如较长的战斗部和展弦比较大的翼面，需要对分枝结构进行建模，尤其是建立分枝

结构和弹体间的连接，而连接刚度对模态分析结果影响较大，因此在分枝结构建模时，连接刚度的考虑对模态预示精度有很大意义。

　　下面通过一个典型示例，分析不同梁刚度模型、质量模型和分枝模型连接刚度模型对模态结果的影响。

2.5.1　导弹建模

　　导弹建模时，将弹体分为若干个分站，这些分站一般至少包含舱段连接面、仪器放置点，或者某些大型部件的质心位置。图 2 - 3 给出了典型战术导弹结构示意图，导弹由弹头和弹身组成，弹头内部含有一个分枝结构。其中，单元 1 到 36 为导弹主梁节点，在单元 8～13 区域内，导弹内部有一个分枝梁结构，并以节点 9、11 和 14 为连接截面，其中节点 11 为主支撑结构，连接刚度较强，节点 9 和 14 为辅助支撑结构，节点 9 的支撑结构为一种托盘状的连接，节点 14 为径向支架连接，刚度均较弱。

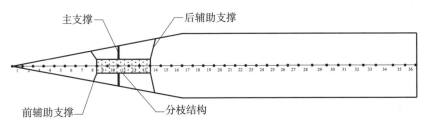

图 2 - 3　导弹分站模型

2.5.2　刚度建模

　　刚度建模的差异由梁单元的不同体现。本节给出三种梁模型，包括一种 Euler 梁模型和两种 Timoshenko 梁模型，三种梁单元对比见表 2 - 1。其中，模型 1 为未考虑剪切效应影响的梁单元模型，模型 2 与模型 3 是两种 Timoshenko 梁模型，它们的差别在于模型 2 是不考虑截面的差异，采用同一个剪切系数，而模型 3 对不同截面时考虑了不同的剪切系数，其数值大小与截面的形状和材料属性相关。

表 2 - 1　梁单元对比

模型序号	描述	剪切系数	推荐
1	Euler 梁	未考虑	
2	Timoshenko 梁	恒值剪切系数	
3	Timoshenko 梁	随截面变剪切系数	√

对三种梁模型研究发现，三种模型预示的振型结果基本一致，并与试验结果吻合较好；Euler 梁模型在预示导弹低阶模态频率时精度较好，但在高阶时不如 Timoshenko 梁模型，且使用变剪切系数的 Timoshenko 梁模型的模态预示结果更加接近试验结果。因此在分析战术导弹结构动力学特性时，变剪切系数的 Timoshenko 梁模型是最优选择。

模型 1：Euler 梁刚度模型。其变截面梁单元的刚度计算公式如下

$$\boldsymbol{K}_e = \int_0^l EI(x)\, \boldsymbol{B}^{\mathrm{T}} \boldsymbol{B} \mathrm{d}x \qquad (2-22)$$

式中　$\boldsymbol{B}$——梁单元的形函数对坐标的二次导数；

　　　l——梁单元长度；

　　　$EI(x)$——梁单元的抗弯刚度。

$$\boldsymbol{B} = \frac{\mathrm{d}^2 \boldsymbol{N}}{\mathrm{d}x^2} = \begin{bmatrix} -6/l^2 + 12x/l^3 \\ -4/l + 6x/l^2 \\ 6/l^2 - 12x/l^3 \\ -2/l + 6x/l^2 \end{bmatrix}$$

式中　$\boldsymbol{N}$——梁单元的函数。

其中

$$\boldsymbol{N} = \begin{bmatrix} 1 - 3x^2/l^2 + 2x^3/l^3 \\ x - 2x^2/l + x^3/l^2 \\ 3x^2/l^2 - 2x^3/l^3 \\ -x^2/l + x^3/l^2 \end{bmatrix}$$

模型 2：具有恒值剪切系数的 Timoshenko 梁模型。其变截面梁单元的刚度计算公式如式（2 - 23）所示

$$\boldsymbol{K}_e = \int_0^l (EI\,\bar{\boldsymbol{B}}^{\mathrm{T}}\bar{\boldsymbol{B}} + \kappa GA\varepsilon^2\,\bar{\boldsymbol{N}}^{\mathrm{T}}\bar{\boldsymbol{N}})\mathrm{d}x \qquad (2 - 23)$$

式中　$\bar{\boldsymbol{B}} = \boldsymbol{B} - \dfrac{6\varepsilon}{l}(2\,\dfrac{x}{l} - 1)\bar{\boldsymbol{N}}$，$\boldsymbol{B}$ 与模型 1 一致。

考虑剪切后，单元上任意一点的转角为 $\theta = (\mathrm{d}w/\mathrm{d}x) - \beta$，$w$ 表示振型。其中 $\beta = -\,\varepsilon\bar{\boldsymbol{N}}\boldsymbol{\delta}$，$\boldsymbol{\delta} = \begin{bmatrix} v_i & \theta_i & v_j & \theta_j \end{bmatrix}^{\mathrm{T}}$，$\bar{\boldsymbol{N}} = \begin{bmatrix} 2/l & 1 & -2/l & 1 \end{bmatrix}$，$\varepsilon = (6EI/l)/(12EI/l + GAlk)$，$\kappa$ 为剪应力修正因子，这里取 $4/3$。

模型 3：具有变剪切系数 κ 的 Timoshenko 梁模型，其中变截面梁单元的刚度计算公式与模型 2 中式（2 - 23）相同。根据弹性力学中的定义，截面的剪切系数与其面上的剪切应力的分布有关，剪切系数 κ 计算公式如式（2 - 24）所示

$$\frac{1}{\kappa} = A\iint \left[\left(\frac{\tau_{xy}}{Q}\right)^2 + \left(\frac{\tau_{xz}}{Q}\right)^2 \right]\mathrm{d}y\mathrm{d}z \qquad (2 - 24)$$

式中　A ——截面面积；

　　　Q ——截面所受的剪力；

　　　τ_{xy}，τ_{xz} ——剪力 Q 引起的截面分布剪应力。

因此，要给定某一截面的剪切系数，必须先对剪应力的分布做一定假设。最简单的是假定剪应力的分布与材料力学中求得的相同，但是这样导致剪应力与实际分布相差较大，求出的剪切系数与真实情况相差较大，具体推导分析过程见第 7 章。这里假设剪应力的分布与弹性力学中悬臂梁的剪应力分布相同，通过式（2 - 24）积分可以得到薄壁圆柱壳体截面剪切系数

$$\kappa = \frac{2(1 + \mu)}{4 + 3\mu} \qquad (2 - 25)$$

式中　μ ——材料泊松比。

2.5.3　质量建模

本节给出三种质量模型，包括一种集中质量法模型与两种一致

质量法模型，对比见表 2 - 2。其中，模型 1 为弹体结构的一种集中质量法模型，模型 2 与模型 3 是两种一致质量法模型。在计算导弹结构的总质量矩阵时，模型 1 是将各集中质量直接赋在质量矩阵的平动对角元素上，模型 2 与模型 3 需通过沿单元长度积分得到各梁单元的质量矩阵，再按节点位置组装成总质量矩阵。

表 2 - 2　梁单元对比

序号	描述	质量特性	推荐
1	集中质量法模型	集中质量	√
2	一致质量法模型	前后分站质量和的二分之一分布质量	
3	一致质量法模型	分站质量分布在前后梁的二分之一长度上	

对三种质量模型研究发现，三种模型计算得到的前三阶弯曲模态基本接近，高阶模态误差较大。比较计算结果发现，在低阶模态参数计算时，三种模型基本一致，模型 3 与模型 1 更接近；而对高阶模态，相对误差超过 25%。

模型 1：集中质量模型。以给出的分站质量形式赋在梁各分站位置，且对应节点的转动惯量如式（2 - 26）所示，该方法为当前导弹动特性计算分析普遍采用的方法[14]

$$J = \begin{cases} \dfrac{m_e}{2}(R^2 + \dfrac{4}{6}h^2)，对于端点 \\[2mm] \dfrac{m_e}{2}(R^2 + \dfrac{1}{6}h^2)，对于中间点 \end{cases} \qquad (2 - 26)$$

式中　m_e——该站上的集中质量；

　　　R——该站处的弹体半径；

　　　h——处于端点时取它与相邻点间距之半；处于中间点时取它相邻的前后两点间距之半。

模型 2：等效密度模型。各梁单元质量密度等于前后分站质量和的二分之一均匀分布在梁单元上，计算公式如下

$$\rho_i = \frac{m_i + m_{i+1}}{2V_i} \qquad (2 - 27)$$

式中 m_i，m_{i+1}——第 i 个梁单元前一分站与后一分站的集中质量；

V_i——第 i 个梁单元的体积。

模型 3：等效密度模型。各梁单元前二分之一长度密度等于前一分站一半质量除以该梁单元的体积，后二分之一长度密度等于后一分站一半质量除以该梁单元的体积，计算公式如下

$$\rho_i = \begin{cases} \dfrac{m_i}{V_i}, 0 \sim \dfrac{l_e}{2} \\ \dfrac{m_{i+1}}{V_i}, \dfrac{l_e}{2} \sim l_e \end{cases} \qquad (2-28)$$

式中 m_i，m_{i+1}——第 i 个梁单元前一分站与后一分站的集中质量；

V_i——第 i 个梁单元的体积；

l_e——单元长度。

模型 2 与模型 3 需要通过公式（2-29）得到各梁单元的质量矩阵，再按照节点位置组装成总质量矩阵

$$\boldsymbol{M}_e = \int_0^l \boldsymbol{N}^{\mathrm{T}} \rho A \boldsymbol{N} \mathrm{d}x \qquad (2-29)$$

2.5.4 分枝梁建模

针对导弹内部的分枝梁结构，研究了三种简化模型。其中，模型 1 为仅考虑分枝结构的质量特性，未考虑其对全弹的刚度贡献；模型 2 考虑了分枝结构的质量和刚度，但未细化考虑分枝结构对全弹结构的刚度贡献；模型 3 在模型 2 的基础上，考虑了分枝结构与全弹的约束作用，细化考虑了其对全弹结构的刚度影响，见表 2-3。

表 2-3 梁单元对比

序号	描述	连接模拟方法	推荐
1	集中质量模型	影响等效质量模拟	
2	分枝梁刚度模型 A	分枝梁与主梁在连接位置共用节点	
3	分枝梁刚度模型 B	细化考虑分枝结构与全弹的约束关系	√

对三种模型研究发现：模型 2 和模型 3 的模态振型与试验结果较为一致，尤其是前两阶，模型 1 的模态振型与试验结果差异较大；从三种模型计算的模态频率结果对比上，发现模型 3 的前三阶模态频率结果与试验结果最接近，而模型 1 的第一和第三阶模态频率与试验结果较接近，第二阶偏差较大，模型 2 的第二阶模态频率与试验结果较接近，第一阶与第三阶偏差较大；分枝结构的刚度对全弹模态的第三阶影响较小，而是否细化考虑分枝结构与全弹的约束关系影响到全弹第一阶模态的预示精度。

模型 1：集中质量模型。由于主支撑刚度较强，因此将分枝梁结构的质量以给出的集中质量形式连接在梁主支撑分站位置。

模型 2：分枝梁刚度模型 A。考虑分枝梁的刚度，其以分枝梁结构通过连接节点与主梁连接，分枝梁与主梁在连接位置共用节点，共用平动和转动自由度。

模型 3：分枝梁刚度模型 B。在模型 2 的基础上，考虑分枝梁与主梁的连接关系，定义主支撑和前辅助支撑共用平动和转动自由度，而后辅助支撑仅为径向支架连接，因此该处仅共用平动自由度。

2.5.5 模态结果

本节通过算例对比各模型对模态结果的影响。其中，梁单元刚度模型采用推荐的 Timoshenko 梁模型，质量模型采用推荐的集中质量法模型，以下主要对比分枝梁连接刚度建模对模态预示结果的影响。

图 2-4～图 2-6 分别比较了三种模型与试验结果的前三阶归一化的模态振型。表 2-4 给出了三种模型的前三阶模态频率和试验结果的对比。表 2-5 给出了三种模型的前三阶模态振型与试验振型的 MAC 值。

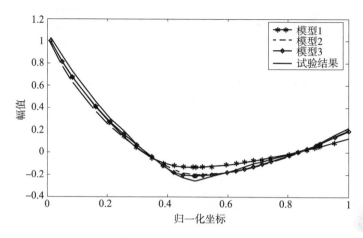

图 2-4　三种模型的第一阶归一化的固有振型对比

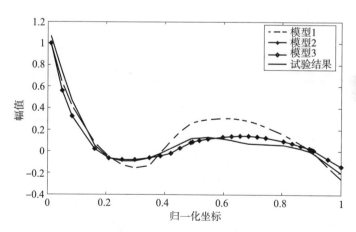

图 2-5　三种模型的第二阶归一化的固有振型对比

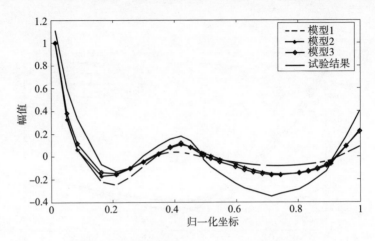

图 2 - 6　三种模型的第三阶归一化的固有振型对比

表 2 - 4　三种模型的前三阶固有频率对比

阶次	试验	模型 1		模型 2		模型 3	
	数值/ Hz	数值/ Hz	相对误差/ （%）	数值/ Hz	相对误差/ （%）	数值/ Hz	相对误差 （%）
1	32.31	31.29	-3.14	37.55	16.24	33.30	3.07
2	75.97	63.15	-16.88	77.45	1.95	77.45	1.95
3	101.71	102.82	1.09	108.08	6.27	101.82	0.11

表 2 - 5　三种模型的前三阶模态振型与试验振型 **MAC** 值

阶次	模型 1	模型 2	模型 3
1	0.977	0.993	0.997
2	0.849	0.964	0.964
3	0.688	0.642	0.681

参 考 文 献

[1] FADDEEVA V N. Computational Methods in Linear Algebra, Dover Publications, New York, 1959.

[2] BACKUS F I. "SLV - 3 Bending Stability Analysis of the Atlas/Agena Spring Band Separation Joint", GD/A Report GD/A - DDE 64 - 054, 17 August 1964.

[3] BERGEN J T. "Visco - Elasticity Phenomenological Aspects", Academic Press, 1960.

[4] BLAND D R. "Theory of Linear Viscoelasticity", Pergamon Press, 1960.

[5] BALTRUKONIS J H. A Suevey of Structural Dynamics of Solid Propellant Rocket Motors, NASA Report NASA CR - 658, December 1966.

[6] GRAVITZ S L. "An Analytical Procedure for Orthogonalization of Experimentally Measured Modes," Journal of the Aerospace Sciences, November 1958.

[7] SCHUETT R H, APPLEBY B A, MARTIN J D. Dynamics Loads Analysis of Space Vehicle Systems, Launch and Exit Phase, Convair Division of General Dynamics Report GDC - DDE66 - 012, June 1966.

[8] HURTY W C. Dynamic Analysis of Structural Systems by Component Mode Synthesis, TR 32 - 530, Jet Propulsion Laboratory, Pasadena, California, January 1964.

[9] GRAVITZ, S I. "An Analytical Procedure for Orthogonalization of Experimentally Measured Modes", Journal of the Aerospace Sciences, November 1958.

[10] PADDOCK G B. A Monograph on Lateral Vibration Modes, Convair Report GDC - DDF65 - 001, Contract NAS8 - 11486, 22 February 1965.

[11] STODOLA A. "Steam and Gas Turbines ," translated by L. C. Loewenstein, vols. 1 and 2, McGraw - Hill Book Company , Inc. , New York, 1927.

[12] JACOBSEN L S, AYRE R S. Engineering Vibrations, McGraw - Hill, 1958.

[13] 商霖. 基于 ANSYS 有限元分析的模态质量计算方法 [J]. 导弹与航天运载技术, 2011.

[14] 尹云玉. 固体火箭载荷设计基础 [M]. 北京：中国宇航出版社, 2007.

第 3 章 模态试验

3.1 概述

导弹模态分析的关键是得到导弹结构横向、纵向和扭转振动方程的特征值和特征向量，从而得到模态频率和模态振型，这些参数既可以通过有限元计算得到，也可以通过模态试验获得。但由于导弹结构的复杂性，如舱段连接刚度不连续、舱段结构局部开口和加筋等，使得导弹有限元计算模型与实际物理模型之间有一定差异，计算结果必须通过模态试验验证才能用于导弹设计。此外，对于飞控系统设计，模态阻尼比和敏感元件安装位置的振型斜率是必不可少的，而这些参数无法通过理论或数值仿真分析手段取得准确值，只能通过试验手段获得。

通过模态试验确定导弹模态参数是近几十年来导弹设计的一个重要方面，其目的一方面是通过试验手段确定导弹在一定边界条件下的模态参数，包括固有频率、模态阻尼比、振型和振型斜率等，在此基础上进一步给出飞控系统设计必需的运动方程式系数、起飞初始值等参数；另一方面，模态试验结果可以为确定敏感元件安装位置提供依据。

此外，对于导弹这样的复杂结构体，难以避免出现局部结构或系统的振动耦合现象，即频率接近而出现的共振现象。对于振动耦合现象，理论或有限元计算均难以进行预先估计，通常通过模态试验进行测试。

本章以固体战术导弹的全尺寸模态试验和缩比模型试验为研究对象，着重介绍模态试验原理、全弹模态试验、部件模态试验，以及缩比模型试验等。

3.2　模态试验原理

　　为了更好地了解模态试验，必须透彻理解模态分析理论。模态分析理论中一个重要概念是频响函数（或传递函数），频响函数反映了系统的输入与输出的关系，反映了系统的固有特性，是系统在频域中的一个重要特征量，也是频域中辨识模态参数的依据。

　　假设导弹结构为一个线性时不变系统，阻尼为比例阻尼，在强迫激励下其动力学方程为

$$M\ddot{x} + C\dot{x} + Kx = F \tag{3-1}$$

式中　M ——结构质量矩阵；

　　　C ——结构阻尼矩阵，$C = aM + bK$，a、b 为比例常数；

　　　K ——结构刚度矩阵；

　　　$\ddot{x}$ ——结构加速度响应向量；

　　　$\dot{x}$ ——结构速度响应向量；

　　　x ——结构位移响应向量；

　　　F ——激励向量。

　　对式（3-1）两边进行 Laplace 变换，将方程由时域变换到拉氏域，并假定初始位移和初始速度为零，得到拉氏域方程

$$(p^2 M + pC + K)X(p) = F(p) \tag{3-2}$$

或者

$$Z(p)X(p) = F(p) \tag{3-3}$$

$$Z(p) = p^2 M + pC + K$$

式中　$Z(p)$ —— 动刚度矩阵；

　　　p ——拉氏域复变量。

　　式（3-3）两边左乘 Z^{-1} 得

$$X(p) = Z(p)^{-1} F(p) = H(p)F(p) \tag{3-4}$$

其中　　　　$$H(p) = Z(p)^{-1} = \frac{\mathrm{adj}\,[Z(p)]}{|Z(p)|} \tag{3-5}$$

$H(p)$ 为传递函数。

式（3-5）的分母，即 $Z(p)$ 的行列式，称为特征方程。特征方程的根，即系统极点，决定了系统的固有频率和阻尼比。

将复变量 p 限制在虚轴上，即令 $p = j\omega$，得到傅氏域中的阻抗矩阵 $Z(j\omega)$〔以下简写为 $Z(\omega)$〕及频响函数矩阵 $H(j\omega)$〔以下简写为 $H(\omega)$〕

$$Z(\omega) = -\omega^2 M + j\omega C + K \qquad (3-6)$$

$$H(\omega) = Z^{-1}(\omega) = (-\omega^2 M + j\omega C + K)^{-1} \qquad (3-7)$$

此时，系统的运动方程为

$$(-\omega^2 M + j\omega C + K)X(\omega) = F(\omega) \qquad (3-8)$$

由振动理论可知，对于线性时不变系统，系统的任一点响应均可表示为各阶模态响应的线性组合，即

$$X(\omega) = \Phi q(\omega) \qquad (3-9)$$

式中 $\Phi = [\varphi_1 \quad \varphi_2 \cdots \varphi_N]$ 为振型矩阵，φ_i 为第 i 阶振型，$q = [q_1 \quad q_2 \cdots q_N]^T$ 为模态坐标向量，N 为系统自由度数。

根据振动理论，振型向量关于质量矩阵和刚度矩阵正交，即

$$\varphi_s^T M \varphi_r = \begin{cases} 0 & r \neq s \\ M_r & r = s \end{cases} \qquad (3-10)$$

$$\varphi_s^T K \varphi_r = \begin{cases} 0 & r \neq s \\ K_r & r = s \end{cases} \qquad (3-11)$$

对于比例阻尼有

$$\varphi_s^T C \varphi_r = \begin{cases} 0 & r \neq s \\ C_r & r = s \end{cases} \qquad (3-12)$$

式（3-10）～式（3-12）中，M_r、C_r、K_r 分别称为第 r 阶模态质量、模态阻尼和模态刚度。

将式（3-9）代入式（3-8）得

$$(-\omega^2 M + j\omega C + K)\Phi q(\omega) = F(\omega) \qquad (3-13)$$

式（3-13）左乘 Φ^T，同时将式（3-10）～式（3-12）代入可得

$$(-\omega^2 \overline{\boldsymbol{M}} + j\omega \overline{\boldsymbol{C}} + \overline{\boldsymbol{K}})\boldsymbol{q}(\omega) = \boldsymbol{\Phi}^{\mathrm{T}} \boldsymbol{F}(\omega) \tag{3-14}$$

式中　$\overline{\boldsymbol{M}}$，$\overline{\boldsymbol{C}}$，$\overline{\boldsymbol{K}}$——模态质量矩阵、模态阻尼矩阵和模态刚度矩阵。

对第 r 阶模态则有

$$(-\omega^2 M_r + j\omega C_r + K_r)q_r = F_r \tag{3-15}$$

式（3-15）中 $F_r = \boldsymbol{\varphi}_r^{\mathrm{T}} \boldsymbol{F}(\omega)$。

将 $F_r = \boldsymbol{\varphi}_r^{\mathrm{T}} \boldsymbol{F}(\omega) = \sum_{j=1}^{N} \varphi_{jr} f_j(\omega)$ 和 $x_l(\omega) = \sum_{r=1}^{N} \varphi_{lr} q_r$ 代入式（3-15），同时考虑单点激励，激励力作用于 e 点，即 $F_r = \varphi_{er} f_e(\omega)$，可得

$$q_r = \frac{\varphi_{er} f_e(\omega)}{-\omega^2 M_r + j\omega C_r + K_r} \tag{3-16}$$

于是 l 点响应

$$x_l(\omega) = \sum_{r=1}^{N} \frac{\varphi_{lr} \varphi_{er} f_e(\omega)}{-\omega^2 M_r + j\omega C_r + K_r} \tag{3-17}$$

因此，测量点 l 到响应点 e 之间的频响函数为

$$\begin{aligned} H_{le}(\omega) &= \sum_{r=1}^{N} \frac{\varphi_{lr} \varphi_{er}}{-\omega^2 M_r + j\omega C_r + K_r} \\ &= \sum_{r=1}^{N} \frac{1}{K_{er}[(1-\bar{\omega}_r^2) + 2j\xi_r\bar{\omega}_r]} \end{aligned} \tag{3-18}$$

式中，$K_{er} = K_r / (\varphi_{lr}\varphi_{pr})$ 称为等效刚度，$\bar{\omega}_r = \omega / \omega_r$ 称为频率比，$\xi_r = C_r / (2M_r\omega_r)$ 称为第 r 阶模态阻尼比。

模态试验的原理就是通过试验获得式（3-18）的频响函数，然后用适当的参数估计方法来估计频率 ω_r、振型 $\boldsymbol{\varphi}_r$ 和模态阻尼比 ξ_r。对于单点激励情况，可以采用 3.3.6 节所述分量法和导纳圆法估计模态参数。对于多点激励的情况，可采用参考文献 [1] ～ [3] 中所述的方法进行处理。

3.3　全弹模态试验

　　全弹模态试验是获取导弹模态参数的重要途径，在进行全弹模态试验之前，必须首先确定试验本身的目的，这一点在很大程度上决定了测量方法、试验设备和参试产品状态，同时对试验中导弹支承边界条件、激励类型和位置、传感器安装位置等的选择起决定性作用。

　　全弹模态试验应尽量采用与飞行遥测弹相同的试验弹进行试验，这对于确保试验结果的有效性很重要。但是飞控系统设计总是希望尽可能早地提供比较精确的导弹模态参数，这使得在研制过程中采用所谓的"模振弹"进行全弹模态试验。对于模振弹，通常要求其舱段结构和设备减振器为飞行状态产品，弹上设备和电缆要求模拟正式产品的外形、质量、质心、转动惯量、刚度、机械接口和电气接口。

　　多级导弹进行全弹试验时，合理安排试验顺序很重要，通常应采用逐级增加结构的顺序进行试验，即先进行弹头模态试验，然后进行各级直至全弹的模态试验。

　　本节介绍如何通过动力学试验测量全弹模态参数，包括如何设计与选择支承系统、激励系统、激励信号和测试设备，同时对数据处理方法以及试验中常见问题进行讨论。

3.3.1　支承系统

　　全弹模态试验时，导弹与试验环境之间总有某种连接，连接方式取决于试验目的。试验目的一般有以下两种情况：测量导弹在空中飞行状态下的模态参数或测量导弹竖立在发射台上的模态参数。对于这两种情况，如何模拟和选择试验边界条件是全弹模态试验的重要问题。这里将模拟试验边界条件的装置称为支承系统。

3.3.1.1　自由-自由边界

　　导弹在空中飞行时，不受到任何边界约束，处于自由-自由边界状态。对于模态试验来说，自由-自由边界意味着导弹与试验环境之

间不存在连接，在试验中是不可实现的。在实际试验时，总是以某
种形式支承着导弹，构成近似的模拟自由-自由边界的支承系统。

由于模拟自由-自由边界与自由-自由边界有区别，因此必须消
除支承系统对试验结果的影响。国内外大量试验经验表明，若带有
导弹的支承系统的固有频率小于导弹第一阶固有频率的 1/6，同时支
承系统本身的固有频率远离导弹的固有频率，则支承系统对导弹全
弹振动特性测量结果的影响可忽略不计，这种边界可近似认为是满
足自由-自由边界条件。

全弹模态试验中通常使用的模拟自由-自由边界的支承系统有水
平悬吊和垂直悬吊两种支承系统。

(1) 水平悬吊支承系统

水平悬吊支承系统的实现较为简单，一般采用导弹专用吊梁、
起吊包带、弹簧绳将导弹悬吊在吊车上来实现，见图 3-1。为了使
这种悬吊对试验结果的影响降到最小，悬吊点应尽量接近振型节点
（通常只考虑一阶振型），这对于准确估计结构阻尼非常重要，同时
起吊包带或弹簧绳应足够软、足够长，以保证支承系统频率低于导
弹一阶固有频率的 1/6。

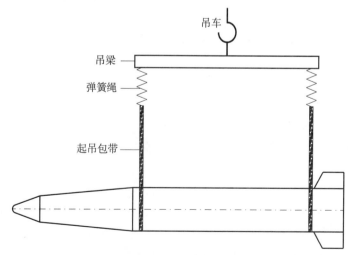

图 3-1　水平悬吊支承系统

　　水平悬吊支承系统通常用于测量导弹横向弯曲模态和纵向模态，由于起吊包带对导弹的扭转有一定约束作用，因此这种支承系统一般不用于测量导弹扭转模态。

　　（2）垂直悬吊支承系统

　　垂直悬吊支承系统通过垂直起吊工装将导弹竖直吊起，垂直起吊工装由钢杆、钢丝绳、弹簧、可调长度的连接件和柔性绳等组成，见图 3 - 2。为了使这种悬吊对试验结果的影响降到最小，应尽可能选用质量较小的钢杆、钢丝绳等连接部件，以减小附加在导弹上的质量。

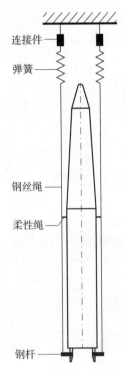

图 3 - 2　垂直悬吊支承系统

　　与水平悬吊支承系统相比，垂直悬吊支承系统的优点是：导弹只受到沿弹轴方向的重力作用，与飞行状态较为接近，同时这使得各舱段之间的连接螺栓不承受垂直弹轴的剪力和弯矩作用，因而不会削弱舱段之间的连接。垂直悬吊系统可用于导弹横向弯曲、纵向和扭转模态的测量，因而这种支承系统的通用性更强。垂直悬吊支承系统的缺点是会给试件带来较多的附加质量，因而试验结果需要进行修正后才能用于导弹设计；当试验件质量变化较大时，需要选择不同的弹簧组合才能满足支承系统的频率要求。此外，国外研究表明，利用垂直悬吊支承系统进行模态试验时，分析得到的模态阻尼比中会包含一部分悬吊系统的"寄生阻尼"。

3.3.1.2　悬臂边界

悬臂边界的特征是在悬臂点非常刚硬，载荷作用下的变形可忽略不计。理想的悬臂边界在实践中是难以遇见的，但导弹研制中某些工作状态很接近悬臂边界，如导弹竖立在发射台上的状态。

导弹竖立在发射台上时，在风激励作用下将产生振动，其振动频率和导弹离开发射台瞬间的弹性初始值是飞控系统设计必需的参数，需要通过模态试验给出竖立状态下的模态参数。由于悬臂点的连接状态对共振频率和振型有显著影响，因此导弹竖立在发射台状态模态试验应尽可能在导弹竖立在发射台上的状态下进行。

此外，在某些情况下，希望获得导弹在自由-自由边界下的模态参数，但试验现场不具备模拟自由-自由边界条件的支承系统。如果现场具备模拟悬臂边界的支承系统，则可进行悬臂边界模态试验，以此试验结果为基础，通过模型修正获得自由-自由边界的模态参数。

3.3.2　激励系统

全弹模态试验的一个重要环节就是给导弹施加一个动态激励，可以是单点激励，也可以是多点同时激励。施加激励的目的是使结构在激励频率范围内振动起来，同时测量激振力和结构在激振力下的响应，计算激励点到响应点频响函数，从而估计全弹模态参数。

为了使导弹激振起来，有许多激励的方法可供选择，对应了许多不同的激振装置，常用的主要有两种：一种是电磁激振系统，另一种是力锤激振系统。

3.3.2.1 电磁激振系统

电磁激振系统由激振器、信号发生器和功率放大器、连杆、传感器组成。使用电磁激振系统时，激振器和试件之间采用专用连杆连接，专用连杆应具备只将激振力沿力传感器的测量轴方向传给结构，而其他方向上的力应减到最小的性质。因此专用连杆一般是轴向刚性，径向柔性，保证激振力能按照要求施加。此外，在激振器的使用频带内，专用连杆应不产生共振。

在频率范围 1.2～2 000 Hz 内，电磁激振器的激振效果非常好。当频率低于 1.2 Hz 时，大多数激振器输出波形不是正弦形式，而是呈现锯齿状。在实际应用时，由于导弹结构对于任何谐波输入具有滤波作用，所以此类激振器仍然适用于频率低至 1 Hz 的情况。目前，电磁激励器可提供的激振力高达 1 000 N，但全弹模态试验通常不需要这样大的激振力，通常几十牛顿即可。由于激振力较大时，在一定程度上可以克服结构件之间的装配间隙，因此，在试验时应按照不同大小的激振力进行数次试验，以检验结构动力学特性的非线性。

电磁激振系统的优点是能够保证精确的力、位移或加速度控制，当采用多个激振器时，还能对各激振器的相位进行控制，这对于复杂结构的模态辨识至关重要。

3.3.2.2 力锤激振系统

力锤激振系统主要由锤头、力传感器、电荷放大器组成。锤头可根据试验需要进行更换，当锤子轻、锤头硬、试件表面硬时，力锤与试件之间的接触时间短，激励信号比较接近单脉冲，激出的基带频展可达很高的频率；当锤子重、锤头软、接触时间长时，可以激出较低的频率来。

力锤激振系统的优点是设备简单、试验时间快、适合外场试验。同时由于与试件没有连接，因此不会给试件增加附加质量，从而不会影响试件的动力学特性。此外，与电磁激励系统相比，除可采用多个固定振动响应点，一个激励点的模态试验方式外，还可采用一个固定振动响应点，敲击点移动的方式测量模态参数，

见图 3 - 3，这样做的依据是 Maxwell 互易性定理。

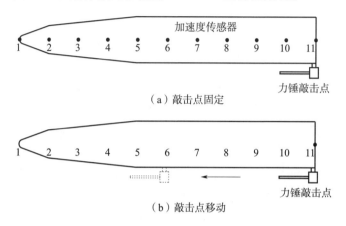

（a）敲击点固定

（b）敲击点移动

图 3 - 3　力锤激励模态试验方式

尽管力锤激励系统设备简单、试验快速，但这种方法也具有不少缺点，一是激振力不易控制，为了获得精度较好的测量结果，要求敲击有规律，每次敲击的量级和接触时间相当，同时不出现连击，这些对试验实施人员提出了很高的要求；二是由于激励信号是很窄的脉冲，分布在整个采样周期内的噪声能量可能与脉冲能量具有相同数量级，使得信噪比很低，模态测量参数的精度较低。

3.3.3　激励和响应的考虑

3.3.3.1　激振点的位置和数量

通常情况下，应根据试件振动模态的理论分析结果，在模态最大振幅位置激振，如导弹头部和尾部。当采用电磁激振系统时，必须考虑在这些位置安装激振器的可能性，若无法安装在上述位置，则需要选择振幅足够大的位置，以保证能将模态激发出来。此外激

振位置必须避开所测模态振型的节点，若激振位置选择不当，会使得模态难以激发出来。

　　激振点的数量取决于结构形式和结构的复杂性等诸多因素，对于简单结构，只需一个激振器安装在合适的位置，即可获得用于分析的各阶模态。若有些模态难以区分，则可能需要移动激振器的位置。由于复杂结构的振动模态有时非常接近，所以往往难以通过单点激振区分各个模态，此时需要采用多点激振才能测到所需的模态参数。此外，对于具有重模态的结构，如圆筒、圆盘、方板、轴对称的旋转体等，必须采用多点激励才能检测出这些重根对应的模态参数。采用多点激励需要注意的是各激励点幅值和相位的分配。

　　导弹纵向模态试验，通常采用单点激励，激励点通常设在导弹头部，激振方向沿弹轴方向。导弹扭转模态试验，通常采用至少两个激振器，激振器安装在导弹两侧，根据相位关系激振力使试件产生扭转振动，见图 3-4。导弹横向弯曲模态试验，采用单点或多点激励，激振点设在导弹头部或尾部，激振方向沿飞行俯仰和偏航方向。

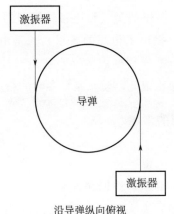

沿导弹纵向俯视

图 3-4　扭转模态试验

3.3.3.2　响应点的位置和数量

响应点位置、数量和测量方向的选定应考虑以下要求：

1) 能够明确显示在试验频段内所有模态的振型特征及各模态间的振型区别。例如具有分枝结构的导弹，必须在分枝上布置测点，以避免漏掉某些阶次模态，若这种情况下，没有在分枝上布置响应测点，试验结果会出现数个具有某阶振型特征的模态，这些模态的区别仅在于振型节点和频率不同。

2) 保证所关心的结构点都在所选的测量点之中。

3) 响应点的几何构型应能够反映待测最高阶模态振型。

4) 在导弹舱段对接面前后应布置响应点，对模态振型的连续性进行检测。

此外，对于导弹结构，其振型总是三维空间振型，这就要求在结构上布置响应点时应尽可能测量该点的三个方向的响应。

3.3.3.3　激励信号

不同的激励信号将产生不同的响应，频响函数定义为响应 $\boldsymbol{X}(\omega)$ 与激励 $\boldsymbol{F}(\omega)$ 之比，即

$$H(\omega) = \frac{\boldsymbol{X}(\omega)}{\boldsymbol{F}(\omega)} \qquad (3-19)$$

因此，无论采用何种激励形式，只要能得到式（3-19）的关系，就可以在模态试验中使用。在实际试验中，常用的激振信号包括脉冲激励、正弦激励和随机激励。

（1）脉冲激励

脉冲激励是一种瞬态激励，这种信号一般采用锤击法产生。信号是由一个脉冲构成，此冲击脉冲的持续时间只占采样周期的很小一部分，见图 3-5。冲击脉冲的形状、宽度和幅值决定了其频谱，冲击脉冲越窄，其信号频带越宽，其极限情况为 δ 函数，它的傅里叶变换为频带为无限的白谱。为了将冲击能量集中在有限的频带内，可采用不同材料制成的顶帽，常用顶帽的性能见表 3-1。

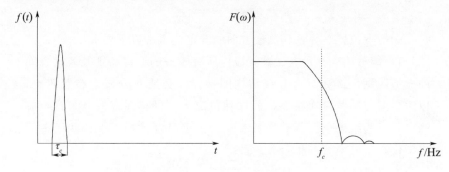

图 3 - 5　脉冲激励及其频谱

表 3 - 1　常用顶帽的性能

材料	频率范围/kHz	脉宽/ms	范围/N
钢	0~4.5	0.2	500~5 000
尼龙	0~1.3	0.8	300~1 000
橡胶	0~0.4	3.0	100~700

与其他激励信号相比，脉冲激励信号的峰值有效值比很差，因而对结构的非线性（如间隙、连接点处的非线性阻尼、与加载有关的刚度等）非常敏感。由于脉冲激励的信噪比很差，为降低测量数据中的噪声就必须采用专门的信号处理方法——在响应上加指数窗，即给响应乘以指数窗 e^{-st} 。对于小阻尼结构，加指数窗会有助于响应在采样窗内更快地衰减，减小泄漏误差，同时加窗相当于增加了系统的阻尼量，但增加量可由已知因子 s 确定。

（2）正弦激励

正弦激励包括扫描正弦激励和步进正弦激励。

扫描正弦激励是用频率缓慢而连续变化的正弦信号激励结构。频率变化缓慢就可以认为实际的测量数据具有稳态响应的特性。按此方法，若响应出现最大幅值而相移急剧变化，就表明是振动模态频率。这种激励方法中，每次测量都在某一个实际频率上进行，得到的信号具有最好的峰值有效值比和信噪比。

　　步进正弦激励是由分段变化的频率而不是由连续变化的频率构成，与扫描正弦激励相比，步进正弦激励具有同样好的信噪比和峰值有效值比，同时允许改变频率间隔、减少试验时间。

　　（3）随机激励

　　模态试验中采用的随机激励主要是纯随机激励、伪随机激励、周期随机激励和瞬态随机激励。

　　理想的纯随机信号是白噪声，其能量在 $0 \sim \infty$ Hz 的频段内均匀分布，这与时域 δ 函数的频谱一致。事实上，真正的 δ 函数是不能实现的，实际试验中，纯随机激励信号是一种在一定频率范围内具有高斯概率分布的平直谱的宽带随机信号，见图 3 - 6。然而因为它的频谱特性只能用随机方法来描述，所以估计其频谱时必须进行平均处理，多次平均后可消除测试中所引起的各种噪声干扰、非线性影响及畸变。纯随机信号的主要问题是泄漏，由于激励信号的观测时间 T 总是有限的，对激励信号进行离散傅里叶变换时，隐含了测量信号在观测时段 T 内是周期的这一假定条件，这是产生泄漏误差的根源，通常采用给输入/输出信号加上汉宁窗来减弱泄漏的影响。加窗后会引起频率分辨率降低，使得模态参数拟合变得困难，因而一般不采用纯随机激励。

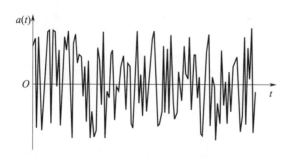

图 3 - 6　纯随机激励信号

　　伪随机激励信号是一种各态历经的稳态信号，在一定频率范围内其幅频特性为常数，相频特性为随机均匀分布的周期信号，见图

3-7。由于信号是周期的，因此不存在泄漏问题。伪随机激励的另
一优点是其低频性能好，可以从直流开始。由于每次激励与采样都
是同一信号，因此不能用多次平均来消除噪声。

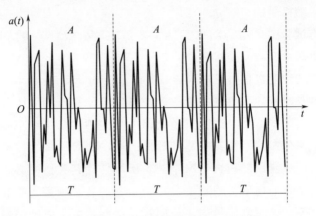

图 3-7　伪随机激励信号

　　周期随机激励信号是综合伪随机和纯随机特点的一种随机信号，
它由很多段互不相关的伪随机信号组成，见图 3-8。由于这种信号
相对于观察窗是周期的，因此也不存在泄漏问题，同时由于它的随
机性，可以采用平均化的方法来消除噪声干扰。周期随机激励的缺
点是试验时间较长，比纯随机和伪随机所花时间多。

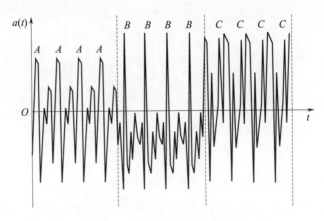

图 3-8　周期随机激励信号

瞬态随机又称猝发随机，随机信号在时段 ΔT 内发生，见图 3 -
9，采用矩形窗，窗长 $T > \Delta T$，随机信号在 ΔT 时刻切断，由于激
振器的惯性作用，激振信号随后有一个较短的衰减过程，但响应的
衰减时间要更长。一般 $\Delta T / T \approx 0.4 \sim 0.8$，$\Delta T$ 选择的原则是应使
响应在时段 $\Delta T \sim T$ 内充分衰减。这样每次激励都在结构初始条件
为零的情况下开始，等到响应衰减到零，再开始下一次随机激励。
这种激励方法是一种瞬态过程，窗长 T 选择适当可以避免泄漏。而
在每一个时间段内，激励信号又属于随机信号，每一个样本都均有
不同的统计特性，经平均化处理可以消除噪声和非线性影响，因此
这种方法兼有瞬态和随机双重优点。这种方法的缺点是，当结构阻
尼较小时，振动响应未必能在窗长 T 内衰减到零，同时对于大型结
构，瞬态激励的能量可能太小。

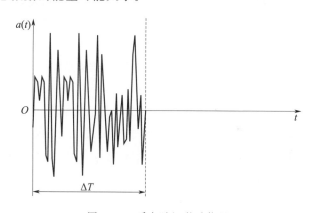

图 3 - 9　瞬态随机激励信号

3.3.4　测试设备

模态试验需要对结构受到的激励和响应进行测量，并对测量数
据进行记录和分析。激励和响应测量以及数据记录和分析需要专门
的测试设备，以保证试验结果的完整性、正确性和可靠性。

3.3.4.1　激励和响应测量

激励一般是力，用力传感器进行测量。

响应通常包括两类，一是线运动响应，如位移、速度或加速度，采用相应运动传感器测量，二是角振动响应，即振型斜率，采用速率陀螺或能测量动态角度的传感器测量。

对于线运动响应，理论上测量位移、速度、加速度三个运动参数中的任意一个对试验结果没有影响，但是，测量位移对低频情况更重要，而高频情况下，更强调测量加速度。大部分运动传感器都是质量－弹簧系统，都有一个共振频率。位移传感器在它自身共振频率以上的频带内其输出信号与其位移成正比。这必然要求共振频率很低，从而需要有较大的质量。加速度传感器情况正好相反，质量越小，对测量结果的影响就越小，测量结果就越精确。此外，加速度信号可以通过积分得到速度和位移，而位移和速度信号不能进行微分运算，这会引入不可预计的高频噪声。考虑上述因素，在全弹模态试验中，通常使用加速度传感器测量结构响应。

（1）激振力测量

激振力测量设备通常由力传感器、电荷放大器和功率放大器组成。它利用压电晶体受压产生的电荷与压力成正比的原理来进行力的测量。力传感器具有各种不同的承载能力和可使用的频率范围，安装在锤头或激振器与被试结构之间。

（2）线运动响应测量

线运动响应测量设备通常由加速度传感器、适调器或电荷放大器组成。加速度传感器本身是一个简单的质量-弹簧-阻尼器系统。它产生的信号在远低于其固有频率的频带内与加速度成正比，这使得加速度传感器成为非常刚硬轻巧的传感器。

加速度传感器的安装是很重要的，不同的安装方法，对它所能测量的频率范围将产生不同的影响。每一种安装都相当于在加速度传感器和被试结构之间串联了一个弹簧。常用的安装方式有：螺接、蜂蜡连接和磁铁吸附。螺接是非常刚性的连接，一般要求在试件表面打孔，并且要求安装面平整光滑，这种连接方式的共振频率可达10 kHz 以上。蜂蜡连接是用一层很薄的蜂蜡置于传感器与结构之间，为了保持较好的连接刚度，蜂蜡应尽可能薄。磁铁可以很容易在带有铁磁表面的结构上移动，对于快速布置传感器很有利，但这种连接方式的连接刚度较低，远低于螺接和蜂蜡连接，只有结构的固有频率很低时，才能使用这种方式。另外，安装加速度传感器时，必须保证与传感器连接的同轴低噪声电缆不能发生振动，因为电缆的弯曲运动容易造成加速度传感器输出信号失真，从而导致模态响应数据失真。

此外，在测量导弹局部轻小结构的模态时，还要考虑到加速度传感器的附加质量对结构的影响。

（3）角振动响应测量

弹上敏感元件和控制机构处的振型斜率是飞控系统设计的重要参数，这些位置处的振型斜率不仅包含了导弹整体的振型斜率，还包含了局部结构，如基座、安装板的振型斜率，必须通过速率陀螺或能测量动态角度的传感器测量，才能给出比较精确的结果。

角振动响应测量设备通常由速率陀螺、电压放大器、交流变换器和直流电源等组成。速率陀螺的选用需要考虑其频率范围、幅值范围和灵敏度，通常频率范围应不小于 100 Hz。

速率陀螺的安装方式对振型斜率的测量精度有重要影响。一般而言，速率陀螺应通过螺钉固定在一个较为刚硬的底座上，底座再粘接到被试结构上。若采用导电材料作为底座，那么在底座与被试结构之间还应加绝缘片。安装时，速率陀螺的角敏感轴必须保证垂直于振动方向，并且为了判断振型斜率的相对符号，所有的陀螺角敏感轴方向要一致，否则，安装时必须标记方向，便于处理测量结果时正确调整振型斜率的正负号。

3.3.4.2　数据记录和分析设备

由于导弹结构复杂，模态试验测点多，试验状态多，因而必须要有专门的数据记录和分析设备，以确保试验顺利进行。数据记录和分析设备有两个任务：一是记录并处理测量数据，如获得各响应点的频响函数，二是处理频响函数确定模态参数。模态试验选择数据记录和分析设备时，需要考虑测量通道数、各通道频率测量范围、存储能力、便携性、图形显示或其他鉴别振动模态的图像显示等各种因素。

3.3.5　试验程序

由于全弹模态试验准备周期较长，且飞控系统对模态参数精确性要求较高，因此，在全弹模态试验开展前，必须预先做好试验准备工作，同时确定完善的试验程序。

3.3.5.1　试验准备

全弹模态试验前，必须首先根据飞控系统响应的频率范围确定试验的频率范围，因为这关系到相关测试设备以及激励系统的选择。确定了试验频率范围也就意味着确定了刚体振动频率的最大值，这就对支承系统的设计和选择进行了约束。

为保证试验能够获得所关心频率范围内的模态参数，试验前必须先进行有限元计算，在所关心模态上沿导弹长度方向布置足够多的加速度传感器。值得注意的是，对于有分枝结构的模态，必须在分枝结构上布置足够数量的加速度传感器。在布置加速度传感器之前，需要确定导弹的方位。

试验之前，需要对所有的测试仪器进行校准。这些设备包括力传感器、加速度传感器、速率陀螺以及数据记录和分析设备等。

3.3.5.2　试验程序

（1）确定试验需要的模态

确定试验频率范围后，根据有限元计算，可大致推断试验频率范围内会出现哪些振动模态。通常情况下，导弹模态试验需要确定100 Hz以内的横向弯曲模态、扭转模态和纵向模态。

此外，由于飞控系统对其响应频率范围内飞行全程的振动模态都关注，因此导弹各级飞行零秒和末秒的模态参数均需要通过试验确定。

（2）确定模态频率

在接近共振时，有三种振动频率，具体如下：

共振频率（最大振幅频率）：$\omega_r = \omega_n \sqrt{1 - 2\xi^2}$。

阻尼固有频率（自由振动衰减频率）：$\omega_d = \omega_n \sqrt{1 - \xi^2}$。

固有频率（不考虑阻尼的频率）：ω_n。

这三个频率按顺序依次增大。在小阻尼情况下，这三个频率的差别非常小，难以区分。但是调谐激振器时，需要确定激发的是何种模态，因为各个模态的响应特点区别很大。阻尼固有频率所对应的模态为最小正交模态，在该模态下，自由振动将会衰减，因此应该以该模态为基础，确定模态频率。

（3）频率扫描

确定导弹固有频率参数的经典方法是进行频率扫描。该方法可以通过自动或手动控制激振器实现。开始时设置的激振器激振频率应该低于预期第一阶模态频率，并且还要低于支承系统的刚体振动频率。

若进行自动扫频，选择了扫频速度后，应该将激励力设置为较小的值，然后根据试验频率范围由小到大缓慢增大频率。连续记录选定的加速度传感器的输出信息，通过输出结果的峰值就能确定模态响应的频率。接下来，从最大频率开始以相同的扫频速度减小频率，到达初始频率时停止扫频。由于进行常速扫频时，一定存在响应相位滞后，通过双向扫频可以确定真实的响应。分别沿两个方向进行扫频所确定的响应模态频率稍有不同，真实的模态固有频率位于两个频率之间。

手动扫描无法保持恒定的扫描速度。扫描时，从低于预期第一阶模态频率的激励频率开始慢慢增加频率，当加速度传感器的输出结果显示出现最大值时，记录该频率，然后继续增大频率直至找到试验频率范围内的其他模态频率。

　　为了确保没有遗漏其他峰值信息，一般建议进行二次扫频。若有充分的时间，还可以选择另外一个激励位置进行扫频。

　　（4）模态调整

　　峰值频率确定后，接下来需要将各个模态激发出来。选择离峰值振幅位置最近的激振器，关闭其他激振设备，将激振器的频率设置为峰值频率，观察各响应点的响应情况。然后，仔细调整激励频率，使得响应幅值与激励力的比值达到最大值。当达到最大值时，立刻取消激励力。对于电磁激振器，可通过中断电枢电流关闭激振器。当导弹的自由振动衰减时，记下阻尼频率，该频率即是该模态的阻尼固有频率。接下来，以阻尼固有频率激励该系统，经过调整后再次取消激励力。试验中，需要多次重复上述过程，当每次操作所得到的波形和振幅一致时，即可停止操作。另一个用来判断模态是否调整好的方法是在没有激励的情况下观察振动衰减过程是否平稳。

　　调整任何所需模态时，都必须在激励条件和无激励条件下重复上述过程，然后将最终调整后的模态数据记录下来。为了保证试验模态数据的可重复性，一般建议针对每个固有模态，都记录至少三条数据信息。

　　（5）确定模态阻尼

　　与确定固有频率一样，确定粘性模态阻尼非常重要。

　　确定了导弹的某个固有模态，记录了模态振型后，可以撤掉激励力，然后模态运动将逐渐衰减。通过记录加速度计的输出信号可确定该模态的等效粘性阻尼。进行控制系统分析时，都会假设一个粘性阻尼系数。若测得的阻尼小于假设的阻尼，或者远大于假设的阻尼，则需要应用新阻尼系数对导弹的稳定性进行分析。

3.3.6　试验数据分析

　　模态试验数据分析的方法很多，本节主要介绍单点激励频域模态参数辨识方法，即对结构上某一点激励，同时测量激励点与响应点的时域信号，经快速傅里叶变换，变成频域信号，对频域信号进行处理获得激励点到响应点之间的频响函数，再按照参数辨识方法辨识出模态参数。这是一种在试验现场快速处理模态试验数据的方法，精度更高和更完善的方法可见参考文献 [1] ～ [3]。

3.3.6.1　分量法

在试验过程中，计算各响应点的频响函数，分量法就是将频响函数分成实数部分和虚数部分进行分析，典型的某阶频响函数图见图 3-10。

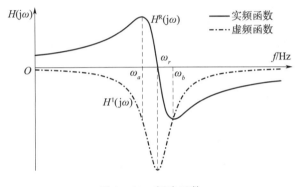

图 3-10　频响函数

固有频率 ω_r 由虚频函数的峰值点所对应的频率来确定。

模态阻尼比 ξ_r 可由半功率带宽来确定

$$\xi_r = \frac{\omega_b - \omega_a}{2\omega_r} \qquad (3-20)$$

式中　　ω_b ——振幅为 $\sqrt{2}/2$ 共振振幅处的频率，其频率大于共振频率；

　　　　ω_a ——振幅为 $\sqrt{2}/2$ 共振振幅处的频率，其频率小于共振频率。

振型 φ 由各测点虚频函数峰值的比值确定，振型归一化点一般选择振型幅值较大的位置，在全弹模态试验中通常选择弹尖或弹尾作为振型归一化点。

3.3.6.2　导纳圆法

导纳圆法是一种比较经典的方法，它是以各测点频响函数的实部为横坐标，虚部为纵坐标，绘制频响函数矢量随频率变化的矢端轨迹图。对于具有结构阻尼的单自由度系统，矢端轨迹在复平面上构成一个圆，称为导纳圆，见图 3 - 11。全弹模态试验中，可在某阶模态频响函数共振峰值附近选取 6～10 个频率点，即截取某阶模态为单模态系统，从而应用导纳圆法。

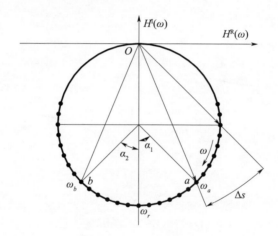

图 3 - 11　导纳圆

固有频率 ω_r 由导纳圆与纵坐标的交点确定。

模态阻尼比 ξ_r 采用下述方法确定。在固有频率附近取两点 a、b，它们对应的频率分别为 ω_a 和 ω_b，对应的圆心角分别为 α_1 和 α_2，则

$$\xi_r = \frac{\omega_b - \omega_a}{\omega_r} \times \frac{1}{\tan\dfrac{\alpha_1}{2} + \tan\dfrac{\alpha_2}{2}} \quad (3 - 21)$$

振型 φ 由各测点导纳圆直径的比值确定。

3.3.7　试验结果检验

模态试验完成后，必须对试验结果进行验证，以确保试验的有

效性。常用的验证方法有：与有限元计算结果对比、振型正交性检查和一致性检验。

3.3.7.1　与有限元计算结果对比

试验前的有限元计算结果提供了一种检验试验结果的方法。尽管有限元模型的自由度和试验自由度在绝大部分情况下不一样，但仍然可以对频率和振型进行比较，这对于避免试验中遗漏某些阶次的模态，以及后续修正有限元计算模型很重要。

3.3.7.2　振型正交性检验

按照模态分析理论，模态振型与质量矩阵之间有以下关系

$$\boldsymbol{\varphi}_k^{\mathrm{T}} \boldsymbol{M} \boldsymbol{\varphi}_r = 0 \, , k \neq r \tag{3-22}$$

$$\boldsymbol{\varphi}_k^{\mathrm{T}} \boldsymbol{M} \boldsymbol{\varphi}_r = M_r \, , k = r \tag{3-23}$$

式（3-22）和式（3-23）构成了试验模态振型正交性检验的方法。在这种情况下，同时使用试验振型和有限元模型中得到的质量矩阵，其中质量矩阵应采用对角形式的集中质量矩阵。理论情况下，当式（3-22）采用振型对质量矩阵进行合同变换时，结果为零，但实际上，相互正交的结果是很少见的，但是若其值低于每个模态的模态质量值的 1/10，则认为是可接受的。

在式（3-22）和式（3-23）中，质量矩阵与试验模态振型的自由度可能不同，这就意味着必须修改质量矩阵或者试验模态振型的坐标。对于全弹模态试验，修改振型坐标是比较方便的，采用插值方法即可。若修改质量矩阵，则需进行模型缩减，具体可见参考文献 [4]。

3.3.7.3　振型一致性检验

通常采用模态置信准则（MAC）对模态振型的一致性进行检验。模态置信准则定义为

$$\mathrm{MAC}_{kr} = \frac{\left| \boldsymbol{\varphi}_k^{\mathrm{T}} \boldsymbol{\varphi}_r \right|^2}{\boldsymbol{\varphi}_k^{\mathrm{T}} \boldsymbol{\varphi}_k \boldsymbol{\varphi}_r^{\mathrm{T}} \boldsymbol{\varphi}_r} \tag{3-24}$$

描述同一模态的振型向量，其 MAC 值应接近 1。描述不同模态

的振型向量，其 MAC 值应接近 0，不能指望 MAC 值是理想的零值，因为不同阶次振型只有在质量矩阵或刚度矩阵加权条件下才是正交的。

当同一物理模态振型的两种估计值之间的 MAC 值较低时（如低于 0.9），至少其中一种估计不良。此时，应检查一下估计的模态是否是由于试验中因激励不良引起的，或者是由于参数估计方案不周。

当两个模态频率很接近，且其 MAC 值较高时（如大于 0.35），这表明至少结构上有两部分其模态很相似。要从结构和加速度传感器的安装位置看是否存在这种可能，同时应与有限元计算结果对比分析是否实际就存在两个模态，另外还应检查是否是由于测量中间微小的频率偏移致使估计过程产生了两个模态。

若频率相差悬殊的两个不同模态的估计之间的 MAC 值较高（如大于 0.35），这种现象很可能是由于加速度传感器安装数量不足或安装位置不当引起的，例如对有分枝结构的导弹，在分枝上未安装加速度传感器时，就会出现这种现象。

3.4　简易模态试验

有些情况下，设计关心的是弹上关键设备，如惯组、发动机摆动喷管、弹上计算机等的局部模态或响应特性，或这些设备对导弹弹性模型的影响，这种情况下没有必要进行全面试验，可以选择进行局部或小规模试验。

3.4.1　试验方法

该类试验最主要的问题是在什么边界下进行试验，即采用什么样的支承系统进行试验。最佳的方式是采用水平或垂直悬吊系统作为支承边界，若没有悬吊系统，可以选择某些运输设备（例如起重机、吊车、拖车）或者发射台作为支承边界，在这种边界下进行局部试验，可以获取所需信息。

简易模态试验要求使用尽可能少的测试设备。进行惯组响应特性研究时，惯组内的陀螺本身就有测试功能，因此只需安装记录设备以对陀螺的输出信号进行测量。

进行摆动喷管对导弹弹性模型的影响研究时，为了确定摆动喷管响应，需要在摆心附近位置布置 3～4 个加速度传感器，在发动机长度方向布置少量传感器，然后再安装记录设备对传感器输出信号进行测量。

进行弹上计算机等电子设备局部模态研究时，仅需要在这些电子设备安装区域布置加速度传感器，就能够获得该区域的响应信息。同样，也需要安装记录设备以便对传感器输出信号进行测量。

简易模态试验中，通常采用力锤进行激励，有条件的情况下应采用激振器进行激励。在进行惯组响应特性研究或弹上计算机局部模态研究时，激励可以施加在导弹前端位置。在进行摆动喷管对导弹弹性模型的影响研究时，激励一般施加在喷管尾部。

3.4.2　局限性

简易模态试验通常不可能获取试件的完整模态信息。试验数据主要从局部试验区域获得，从试验的其他区域也能获取少量数据信息。

试验中，激励设备可控性可能会非常有限，因此需要仔细地使用激励设备，同时在激励过程中，必须确保试件不发生破坏。

由于简易模态试验所选用的测试设备及记录方法的局限性，使得测量结果的精确性会有所降低。

3.5　部件模态试验

试验模态分析技术作为研究结构动态特性的一种有效、可靠的分析手段，经过半个多世纪的发展，其工程应用十分普遍。导弹结构是由许多部件组合而成的，这些部件与导弹一样也是弹性体，也有各自的固有特性，有时甚至会给全弹模态试验带来许多困难，造成全弹模态无法识别，因此，需要在全弹振动试验时对一些关键部件的动特性进行识别，如空气舵、固定翼、发动机喷管、整体支架等。另一方面，导弹的稳定性要求需要对弹上敏感装置（惯性器件）和操纵机构的特性进行摸底或验证，因此需要对相关的部件进行模态试验，获得部件的模态，如惯组小系统、速率陀螺、伺服系统、摆动喷管等。本节将就几个关键部件的模态试验进行阐述。

3.5.1　典型部件模态试验

3.5.1.1　固定翼

对于翼展较大的固定翼，其模态及弹翼组合模态往往不容忽视。当翼接头的连接刚度较弱、翼前缘距翼接头距离过长时，会产生丰富的弹翼模态，对姿态控制产生重要影响。

固定翼模态可在全弹模态试验中获得，试验内容主要包括：单个翼的结构模态试验及弹翼组合模态试验。

（1）单个翼的结构模态试验

将翼面固定，应用 3.3.2 节介绍的内容进行激励获得面外振动模态，此模态可用来修正翼面结构模型。

（2）弹翼组合模态试验

将固定翼连接在弹体上进行连接状态下的固定翼激励可获得固定翼的约束模态，图 3-12 给出了某型导弹固定翼在弹上的连接模态，图 3-12（a）为固定翼绕翼接头所在直线的摆动模态，图 3-12（b）为绕前接头的扭转模态。

在全弹状态下激励弹体，可获得多个弹翼组合模态，见图 3-13，这些组合模态均为全弹模态，设计时可针对惯组响应较大的模态对模型进行修正。

3.5.1.2　空气舵系统

空气舵系统的模态试验主要由两部分组成：单个舵的结构模态

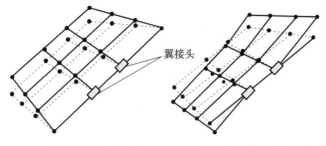

（a）绕翼接头的摆动模态　　　　　（b）绕前接头的扭转模态

图 3 - 12　尾翼的连接模态

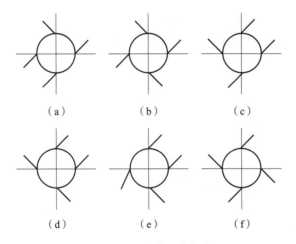

（a）　　　　　（b）　　　　　（c）

（d）　　　　　（e）　　　　　（f）

图 3 - 13　弹翼组合模态

试验和带伺服机构的舵系统的模态试验。

　　单个舵的结构模态试验与固定翼试验方式相同，此节不再赘述。

　　在进行带伺服机构的舵系统的模态试验时一般只进行舵面位置为零偏角状态的试验，且伺服机构应通电保持闭环工作状态。试验时，应将整个伺服系统按正式安装状态安装于舱段上，通过在舵面施加外载荷消除连接间隙。

3.5.1.3　摆动喷管

喷管结构本身的弯曲模态一般较高，在控制敏感范围内多为呼吸模态，因此只需对带伺服机构的摆动喷管的组合模态进行测量，同空气舵系统，试验时，摆动喷管应处于零位锁紧状态，应用前面介绍的激励法进行试验获得摆动喷管的弯曲模态。

3.5.1.4　惯组小系统

该项目主要是为了测量惯组小系统（含惯组基座）的模态，提前进行频率优化设计，避免敏感装置与全弹频率和弹上关键频率耦合。

鉴于不同型号惯组安装位置各不相同，进行本项试验需准确模拟试验边界，惯组及惯组基座的连接应按照力矩要求安装，必要时带舱进行试验。另外，此试验可与惯组小系统线/角振动传递特性试验联合开展，获取惯组小系统完整的结构特性。

3.5.2　试验注意事项

在进行部件模态试验时，应根据试验目的对试验产品技术状态和试验边界状态进行明确，确保试验结果的有效性。

3.6　缩比模型试验

缩比模型试验（以下简称模型试验）是研究系统特性的一种方法。当描述系统的数学模型难以求解或系统难以用解析表达式对其进行描述时，就需要通过试验或数值仿真进行研究。在战术导弹总体设计中，由于强调结果的精确性，因而试验是必不可少的手段。试验既可以是全尺寸原型试验，也可以是模型试验，模型试验的优点是可以对多个重要参数建立不同的缩比模型，既可以深刻理解参数变化后的物理规律，又可以获得相对精确的结果，同时模型试验耗资小，试验周期短，因此模型试验在导弹空气动力学和结构动力学领域得到了广泛应用。

　　早在 19 世纪，人们就开始应用模型试验研究系统特性。最著名的例子是 1883 年 O. Reynolds 开展的管内流动研究，在分析模型试验数据时，采用量纲分析方法建立了以无量纲的雷诺数 Re 为基准的层流和湍流区分原则，成为现代流体力学研究的基石。到 20 世纪初，Buckingham 提出了著名的 π 定理，将量纲分析作为所有模型工作的基础，形成了模型试验所应遵循的基本原则。在航空航天领域，模型试验技术越来越受到重视，如美国对土星 - 1 号、土星 - 5 号、大力神 - 3 号和航天飞机，日本对 H - 2 火箭都开展了模型试验研究，取得了很好的效果。

　　本节介绍模型试验的设计准则，包括量纲分析、相似比例定理和缩放因子，讨论时采用案例分析的方法，通过对导弹横向振动问题的分析，说明各项设计准则的实质。此外，本节还对模型试验时需要考虑的动力学问题进行了讨论。

3.6.1　缩比模型设计准则

　　由于模型试验的目的是揭示系统的物理实质，获取可用于工程设计的精确试验结果，因此设计缩比模型时，必须要遵循一些设计准则以确保试验结果的正确性和有效性，这些准则包括量纲分析、相似比例定理和缩放因子等。

3.6.1.1　量纲分析

　　在缩比模型建立过程中有两个重要的原则：

　　原则一：物理现象和物理规律与所选用的计量单位无关。

　　原则二：相同的物理定律适用于缩比模型和全尺寸原型。

　　原则一在任何情况下都成立，原则二会受到不同缩比尺度的影响，即一个物理现象可能对缩比模型影响很大，而对全尺寸原型影响较小，例如，液面的小尺度缩比模型中，液体的表面张力对缩比模型有重要影响，但对全尺寸原型影响却不大。

　　一个物理量 y 可能与几个自变量 $y_1, y_2, \cdots, y_m$ 相关，可以表

示为

$$y = f_y(y_1, y_2, \cdots, y_m) \tag{3-25}$$

另一种表示方法为

$$f(x_1, x_2, \cdots, x_m) = 0 \tag{3-26}$$

式（3-26）中，某个变量，如 x_1 为因变量，即式（3-25）中的 y，其他变量为互相独立的自变量。

给定一组互相独立的基本量纲 $[d_1]$，$[d_2]$，$\cdots$，$[d_c]$，其中 c 为量纲的总数，式（3-26）中变量 x_p 的量纲如下

$$[x_p] = \prod_i [d_i]^{a_{ip}} , i = 1, 2, \cdots, c , p = 1, 2, \cdots, m \tag{3-27}$$

这里的方括号表示相关的量纲。指数 a_{ip} 形成了一个 $c \times m$ 的数值矩阵，它表示变量量纲相对于基本量纲的特征矩阵。

Buckingham 的 π 定理指出，式（3-26）可以从有量纲形式转变为无量纲形式，即

$$g(\pi_1, \pi_2, \cdots, \pi_n) = 0 \tag{3-28}$$

字母 g 表示该方程与式（3-26）并不是同一个方程，无量纲变量 π_1 取代了之前的 x_1 变成了因变量，变量 $\pi_1, \pi_2, \cdots, \pi_n$ 相互独立，无量纲变量的个数 n 要比式（3-26）中的变量 x 的个数 m 少。

式（3-28）的价值就在于它是无量纲的，这意味着它同时适用于模型试验和全尺寸原型试验。因此，从模型试验中获得的结果可以替代全尺寸原型试验用于工程设计。

式（3-28）中的无量纲变量 π 是式（3-26）中有量纲变量 x 的函数，可以表示为

$$\pi_q = \prod_p (x_p)^{b_{pq}} , (p = 1, 2, \cdots, m; q = 1, 2, \cdots, n) \tag{3-29}$$

指数 b_{pq} 形成了一个 $m \times n$ 的数值矩阵。

由于变量 π 是无量纲的，即：$[\pi_q] = [0]$，因此式（3-29）可以表示为

$$[0] = \prod_p [x_p]^{b_{pq}} , (p = 1, 2, \cdots, m; q = 1, 2, \cdots, n) \tag{3-30}$$

将式（3-27）代入式（3-30）得

$$[0] = \prod_p \Big(\prod_i [d_i]^{a_{ip}} \Big)^{b_{pq}} \qquad (3-31)$$

即

$$[0] = \prod_i [d_i]^{\sum_p a_{ip} b_{pq}} \qquad (3-32)$$

由于基本量纲 $[d_1],[d_2],\cdots,[d_p]$ 互相独立，只有当每个基本量纲的指数都为零时，才能形成无量纲量 $[0]$，即

$$\sum_p a_{ip} b_{pq} = 0, (i = 1,2,\cdots,c; p = 1,2,\cdots,m; q = 1,2,\cdots,n)$$

$$(3-33)$$

式（3-33）是一个 c 阶线性方程组，其中 c 为基本量纲的个数，总共有 n 个线性无关解

$$n = m - r \qquad (3-34)$$

式（3-34）中，r 为指数矩阵 $\boldsymbol{a}$ 的秩。

量纲分析的过程就是从式（3-26）入手，由式（3-27）获得指数矩阵 $\boldsymbol{a}$，再由式（3-33）和式（3-34）选取适当的矩阵 $\boldsymbol{b}$，然后根据式（3-29）计算无量纲量 π，最后将这些变量代入式（3-28），获得无量纲形式的分析模型。

下面以导弹横向振动为例说明量纲分析的过程。

基本量纲的个数为 $c = 3$，分别为

$$[d_1] = [\mathrm{L}]：长度$$

$$[d_2] = [\mathrm{P}]：力$$

$$[d_3] = [\mathrm{T}]：时间$$

该问题的变量见表 3-2。

表 3-2　导弹横向振动问题的变量

变量	符号	量纲	相关性
角频率	$x_1 = \omega$	$[\mathrm{T}^{-1}]$	相关
导弹长度	$x_2 = l$	$[\mathrm{L}]$	独立
单位长度的质量	$x_3 = m$	$[\mathrm{L}^{-2}\,\mathrm{PT}^2]$	独立
横截面	$x_4 = A$	$[\mathrm{L}^2]$	独立

续表

变量	符号	量纲	相关性
截面转动惯量	$x_5 = I$	$[L^4]$	独立
弹性模量	$x_6 = E$	$[L^{-2}P]$	独立
剪切模量	$x_7 = G$	$[L^{-2}P]$	独立
剪切常数	$x_8 = \kappa$	—	独立

可见变量数目 $m = 8$，式（3 - 26）可表示为

$$f(\omega, l, m, A, I, E, G, \kappa) = 0$$

式（3 - 27）的指数矩阵 a 可以表示为

$$a = \begin{array}{c} [L] \\ [P] \\ [T] \end{array} \begin{matrix} \omega & l & m & A & I & E & G & \kappa \\ \end{matrix}$$

$$a = \begin{array}{c} [L] \\ [P] \\ [T] \end{array} \left\{ \begin{matrix} 0 & 1 & -2 & 2 & 4 & -2 & -2 & 0 \\ 0 & 0 & 1 & 0 & 0 & 1 & 1 & 0 \\ -1 & 0 & 2 & 0 & 0 & 0 & 0 & 0 \end{matrix} \right\}$$

矩阵 a 的秩 $r = 3$，根据式（3 - 34），无量纲变量 π 的个数为

$$n = 8 - 3 = 5$$

计算矩阵 b 时，不需要通过求解式（3 - 33）来计算指数矩阵 b，可以通过将无量纲变量写成式（3 - 29）的形式，然后利用式（3 - 33）来检验其正确性。

从问题变量中组合出 5 个无量纲变量如下

$$\pi_1 = \frac{m\omega^2}{E}, \pi_2 = \frac{I}{l^4}, \pi_3 = \frac{\sqrt{I/A}}{l}, \pi_4 = \frac{G}{E}, \pi_5 = \kappa$$

在组合无量纲变量 π_i 时，值得注意的是，必须确保 $\pi_1, \pi_2, \cdots, \pi_5$ 之间线性无关。

根据式（3 - 29）可以得到指数矩阵 b

$$\begin{array}{cccccc}
 & \pi_1 & \pi_2 & \pi_3 & \pi_4 & \pi_5 \\
\omega & 2 & 0 & 0 & 0 & 0 \\
l & 0 & -4 & -1 & 0 & 0 \\
m & 1 & 0 & 0 & 0 & 0 \\
A & 0 & 0 & -1/2 & 0 & 0 \\
I & 0 & 1 & 1/2 & 0 & 0 \\
E & -1 & 0 & 0 & -1 & 0 \\
G & 0 & 0 & 0 & 1 & 0 \\
\kappa & 0 & 0 & 0 & 0 & 1
\end{array}$$

$$\boldsymbol{b} = $$

验证矩阵 $\boldsymbol{a}$ 和 $\boldsymbol{b}$ 是否满足式（3 - 33）

$$\boldsymbol{a} \times \boldsymbol{b} = \begin{array}{c} [\mathrm{L}] \\ [\mathrm{P}] \\ [\mathrm{T}] \end{array} \begin{array}{ccccc}
\pi_1 & \pi_2 & \pi_3 & \pi_4 & \pi_5 \\
0 & 0 & 0 & 0 & 0 \\
0 & 0 & 0 & 0 & 0 \\
0 & 0 & 0 & 0 & 0
\end{array}$$

将 π_i 代入式（3 - 28）可得

$$g\left(\frac{m\omega^2}{E}, \frac{I}{l^4}, \frac{\sqrt{I/A}}{l}, \frac{G}{E}, \kappa\right) = 0 \qquad (3 - 35)$$

或者，将因变量 ω 分离出来

$$\omega = \sqrt{\frac{E}{m}}\, g_1\left(\frac{I}{l^4}, \frac{\sqrt{I/A}}{l}, \frac{G}{E}, \kappa\right) \qquad (3 - 36)$$

3.6.1.2　相似比例定律

3.6.1.1 节的讨论没有区分全尺寸原型和缩比模型，对两种方式均适用。本节的内容将区分这两种模型，将与全尺寸原型相关的物理量用上标（p）表示，与缩比模型相关的物理量用上标（m）表示。

对全尺寸原型和缩比模型，式（3 - 28）可以表示为

$$\left.\begin{array}{l}
g\left(\pi_1^{(m)}, \pi_2^{(m)}, \cdots, \pi_n^{(m)}\right) = 0 \\
g\left(\pi_1^{(p)}, \pi_2^{(p)}, \cdots, \pi_n^{(p)}\right) = 0
\end{array}\right\} \qquad (3 - 37)$$

并且两种情况下的函数 g 完全一样。与之前一样，取 π_1 为因变量，方程（3-37）可以表示为

$$
\left.
\begin{aligned}
\pi_1^{(m)} &= g_1\left(\pi_2^{(m)}, \pi_3^{(m)}, \cdots, \pi_n^{(m)}\right) \\
\pi_1^{(p)} &= g_1\left(\pi_2^{(p)}, \pi_3^{(p)}, \cdots, \pi_n^{(p)}\right)
\end{aligned}
\right\}
\tag{3-38}
$$

缩比模型的本质就是将无量纲变量 $\pi_2, \pi_3, \cdots, \pi_n$ 进行"缩放"，使得它们对缩比模型和全尺寸原型来说相等，这一相似性要求可以表示为

$$
\pi_q^{(m)} = \pi_q^{(p)}, \quad q = (2, 3, \cdots, n)
\tag{3-39}
$$

将式（3-39）代入式（3-38）的第二个式子，得到全尺寸原型因变量与缩比模型自变量之间的关系

$$
\pi_1^{(p)} = g_1\left(\pi_2^{(m)}, \pi_3^{(m)}, \cdots, \pi_n^{(m)}\right)
\tag{3-40}
$$

式（3-40）表明全尺寸原型的性质可以完全用缩比模型来表示。

对比分析式（3-40）和式（3-38）的第一个方程，得到比例定律

$$
\pi_1^{(m)} = \pi_1^{(p)}
\tag{3-41}
$$

比例定律（3-41）与相似性要求（3-39）可以合并为

$$
\pi_q^{(m)} = \pi_q^{(p)}, \quad q = (1, 2, 3, \cdots, n)
\tag{3-42}
$$

仍以 3.6.1.1 节中的导弹为例，其无量纲表达式为（3-35），即

$$
g\left(\frac{m\omega^2}{E}, \frac{I}{l^4}, \frac{\sqrt{I/A}}{l}, \frac{G}{E}, \kappa\right) = 0
$$

相似性要求为

$$
\left(\frac{I}{l^4}\right)^{(m)} = \left(\frac{I}{l^4}\right)^{(p)}
$$

$$
\left(\frac{\sqrt{I/A}}{l}\right)^{(m)} = \left(\frac{\sqrt{I/A}}{l}\right)^{(p)}
$$

$$
\left(\frac{G}{E}\right)^{(m)} = \left(\frac{G}{E}\right)^{(p)}
$$

$$
\kappa^{(m)} = \kappa^{(p)}
$$

式（3 - 40）可以表示为

$$\omega^{(p)} = \sqrt{\left(\frac{E}{m}\right)^{(p)}} \, g_1 \left(\frac{I}{l^4}, \frac{\sqrt{I/A}}{l}, \frac{G}{E}, \kappa\right)^{(m)}$$

该式可能被理解为缩比模型中的质量 " m " 无论是什么都没有影响，但比例定律（3 - 41）表明其实不然，它要求

$$\left(\frac{m\omega^2}{E}\right)^{(m)} = \left(\frac{m\omega^2}{E}\right)^{(p)}$$

根据比例定律（3 - 41），可得

$$\omega^{(p)} = \sqrt{\frac{\left(\frac{E}{m}\right)^{(p)}}{\left(\frac{E}{m}\right)^{(m)}}} \, \omega^{(m)}$$

根据相似性要求（3 - 39）进行模型缩放，并根据式（3 - 38）的第一个式子进行试验

$$\omega^{(m)} = \sqrt{\left(\frac{E}{m}\right)^{(m)}} \, g_1 \left(\frac{I}{l^4}, \frac{\sqrt{I/A}}{l}, \frac{G}{E}, \kappa\right)^{(m)}$$

也就是测量模型的频率。

3.6.1.3　缩放因子

除 3.6.1.1 节和 3.6.1.2 节介绍的一般方法外，还有一种完全不同的方法也能够得到这些准则，对于模型试验来说，这种方法更加直截了当。然而，这种方法只有对完全相似的模型才有效，一旦畸变或者缩放效应变得显著，就必须要考虑 3.6.1.1 节和 3.6.1.2 节中更一般的方法。

再次从因变量 x_1 和自变量 $x_2, x_3, \cdots, x_m$ 进行考虑，式（3 - 27）给出了变量 x 的量纲 $[x]$ 与基本量纲 $[d_1], [d_2], \cdots, [d_c]$ 的关系，即

$$[x_p] = \prod_i [d_i]^{a_{ip}}, \quad (i = 1, 2, \cdots, c; \, p = 1, 2, \cdots, m)$$

$$(3 - 43)$$

推导缩放因子的基本假设是，研究的问题对基本量纲缩比的变

化不敏感。这一假设与 π 定理是等效的，式（3-33）中指数矩阵 **b** 的存在保证了这一假设的正确性。由于研究的问题对基本量纲单位的变化并不敏感，因此这些单位的缩放因子可以定义为

$$\delta_i = \frac{d_i^{(p)}}{d_i^{(m)}}, \ (i = 1, 2, \cdots, c) \tag{3-44}$$

上标（p）和（m）分别表示"全尺寸原型"和"缩比模型"，d_i 没有方括号表明比较的是单位，而不是量纲本身。

另一种缩放因子通过比较模型变量 x_p 定义，即

$$\zeta_p = \frac{x_p^{(p)}}{x_p^{(m)}}, \ (p = 1, 2, \cdots, m) \tag{3-45}$$

式（3-43）与量纲有关，也可以写出同样与变量大小有关的方程，即

$$x_p = \prod_i (d_i)^{a_{ip}}, \ (i = 1, 2, \cdots, c; p = 1, 2, \cdots, m) \tag{3-46}$$

将式（3-46）代入式（3-45）中可得

$$\zeta_p = \frac{\prod_i (d_i^{(p)})^{a_{ip}}}{\prod_i (d_i^{(m)})^{a_{ip}}} = \prod_i \left(\frac{d_i^{(p)}}{d_i^{(m)}} \right)^{a_{ip}}$$

将式（3-44）代入上式得

$$\zeta_p = \prod_i (\delta_i)^{a_{ip}}, \ (i = 1, 2, \cdots, c; p = 1, 2, \cdots, m) \tag{3-47}$$

比较式（3-46）和式（3-47），可见缩放因子 ζ 与 δ 的关系和变量 "x" 与 "d" 的大小关系相同。但是，在逻辑上缩放因子 "δ" 和 "ξ" 有着重要的区别：前者可以任意选取，而后者受制于式（3-47）的约束。

仍以 3.6.1.1 节中的导弹为例，给定基本量纲 d、有量纲变量 x 和指数矩阵 **b**，由式（3-44）定义缩放因子 δ

$$\delta_L = \frac{L^{(p)}}{L^{(m)}} ; \delta_P = \frac{P^{(p)}}{P^{(m)}} ; \delta_T = \frac{T^{(p)}}{T^{(m)}} \tag{3-48}$$

式（3-45）定义缩放因子 ξ，由式（3-47）计算得

$$\begin{cases} \zeta_\omega = \dfrac{\omega^{(p)}}{\omega^{(m)}} = \delta_T^{-1} \ ; \ \zeta_l = \dfrac{l^{(p)}}{l^{(m)}} = \delta_L \ ; \ \zeta_m = \dfrac{m^{(p)}}{m^{(m)}} = \delta_L^{-2} \delta_P \delta_T^2 \ ; \ \zeta_A = \dfrac{A^{(p)}}{A^{(m)}} = \delta_L^2 \\ \\ \zeta_I = \dfrac{I^{(p)}}{I^{(m)}} = \delta_L^4 \ ; \ \zeta_E = \dfrac{E^{(p)}}{E^{(m)}} = \delta_L^{-2} \delta_P \ ; \ \zeta_G = \dfrac{G^{(p)}}{G^{(m)}} = \delta_L^{-2} \delta_P \ ; \ \zeta_\kappa = 1 \end{cases}$$

$$(3-49)$$

根据式（3-48）和式（3-49）定义的两种缩放因子，下面讨论当缩比模型和全尺寸原型材料相同时，缩比模型如何构建，即如何确定每一项缩放因子。

式（3-48）中取长度缩放因子为 $\delta_L = 5$。根据式（3-49），可得

$$\zeta_\omega = \delta_T^{-1} \ ; \ \zeta_L = 5 \ ; \ \zeta_m = \frac{1}{5^2} \delta_P \delta_T^2 \ ; \ \zeta_A = 5^2 \ ; \ \zeta_I = 5^4 \ ; \ \zeta_E = \frac{1}{5^2} \delta_P \ ;$$

$$\zeta_G = \frac{1}{5^2} \delta_P \ ; \ \zeta_\kappa = 1$$

以上缩放因子还未完全确定。由于缩比模型和全尺寸原型采用同样的材料制作，因此有

$$\zeta_E = 1$$

将其代入上述缩放因子中，可得

$$\delta_P = 5^2 \zeta_E = 5^2 \ ; \ \zeta_\omega = \delta_T^{-1} \ ; \ \zeta_m = \delta_T^2 \ ; \ \zeta_G = 1$$

上述缩放因子仍未完全确定。假设缩比模型单位长度的质量由几何尺寸确定，即单位长度的质量随长度的平方而减小，有

$$\zeta_m = 5^2$$

将其代入上述缩放因子中，可得

$$\delta_T = \sqrt{\zeta_m} = 5$$

$$\zeta_\omega = \frac{1}{5}$$

到此为止，全部缩放因子均已确定，缩比模型可根据上述缩放因子构建。国外研究表明，上述缩比模型的构建方法已用于土星-5 号的缩比模型试验中[5]。

（1）运动学相似

前面讨论了缩放因子的构建的通用方法，同时以导弹横向振动为例进行说明，下面将针对要求缩比模型和全尺寸原型运动学和动力学相似时，缩放因子如何构建的问题进行讨论。

运动学包含两个基本量纲：长度和时间。式（3-43）中的指数矩阵 $\boldsymbol{a}$ 为

$$
\boldsymbol{a} = \begin{array}{c} [\mathrm{L}_x] \\ [\mathrm{L}_y] \\ [\mathrm{L}_z] \\ [\mathrm{T}] \end{array} \left\{ \begin{array}{ccccccccc} \underline{u_x} & \underline{u_y} & \underline{u_z} & \underline{v_x} & \underline{v_y} & \underline{v_z} & \underline{a_x} & \underline{a_y} & \underline{a_z} \\ 1 & & & 1 & & & 1 & & \\ & 1 & & & 1 & & & 1 \\ & & 1 & & & 1 & & \\ & & & -1 & -1 & -1 & -2 & -2 & -2 \end{array} \right\}
$$

式中，u 表示位移，v 表示速度，a 表示加速度，下标 x、y、z 表示三个方向。

由式（3-44）可得缩放因子 δ

$$
\delta_x = \frac{x^{(p)}}{x^{(m)}} \; ; \delta_y = \frac{y^{(p)}}{y^{(m)}} \; ; \delta_z = \frac{z^{(p)}}{z^{(m)}} \; ; \delta_{\mathrm{T}} = \frac{t^{(p)}}{t^{(m)}}
$$

这些缩放因子可以任意给定，由式（3-47）可得缩放因子 ζ

$$
\left\{ \begin{array}{l} \zeta_{u_x} = \delta_x \; ; \zeta_{u_y} = \delta_y \; ; \zeta_{u_z} = \delta_z \\ \zeta_{v_x} = \delta_x \delta_{\mathrm{T}}^{-1} \; ; \zeta_{v_y} = \delta_y \delta_{\mathrm{T}}^{-1} \; ; \zeta_{v_z} = \delta_z \delta_{\mathrm{T}}^{-1} \\ \zeta_{a_x} = \delta_x \delta_{\mathrm{T}}^{-2} \; ; \zeta_{a_y} = \delta_y \delta_{\mathrm{T}}^{-2} \; ; \zeta_{a_z} = \delta_z \delta_{\mathrm{T}}^{-2} \end{array} \right. \tag{3-50}
$$

式（3-50）也可表示为

$$
\left\{ \begin{array}{l} \zeta_{v_x} = \zeta_{u_x} \delta_{\mathrm{T}}^{-1} \; ; \zeta_{v_y} = \zeta_{u_y} \delta_{\mathrm{T}}^{-1} \; ; \zeta_{v_z} = \zeta_{u_z} \delta_{\mathrm{T}}^{-1} \\ \zeta_{a_x} = \zeta_{v_x} \delta_{\mathrm{T}}^{-1} = \zeta_{v_x}^2 \zeta_{u_x}^{-1} \; ; \mathrm{etc.} \end{array} \right. \tag{3-51}
$$

若长度的缩放因子相等，即

$$
\delta_{\mathrm{L}} = \frac{x^{(p)}}{x^{(m)}} = \frac{y^{(p)}}{y^{(m)}} = \frac{z^{(p)}}{z^{(m)}}
$$

代入式（3-50）可得

$$\begin{cases} \zeta_u = \delta_L \\ \zeta_v = \delta_L \delta_T^{-1} = \zeta_u \delta_T^{-1} \\ \zeta_a = \delta_L \delta_T^{-2} = \zeta_v \delta_T^{-1} = \zeta_v^2 \zeta_u^{-1} \end{cases} \quad (3-52)$$

（2）动力学相似

动力学包含三个基本量纲：长度、时间和质量。式（3-43）中的指数矩阵 $\boldsymbol{a}$ 为

$$\boldsymbol{a} = \begin{array}{c} [L_x] \\ [L_y] \\ [L_z] \\ [T] \\ [M] \end{array} \begin{cases} \begin{array}{ccccccccccccc} \underline{u_x} & \underline{u_y} & \underline{u_z} & \underline{v_x} & \underline{v_y} & \underline{v_z} & \underline{a_x} & \underline{a_y} & \underline{a_z} & \underline{F_x} & \underline{F_y} & \underline{F_z} & \underline{m} \\ 1 & & 1 & & 1 & & 1 & & & & \\ & 1 & & 1 & & 1 & & 1 & & & \\ & & 1 & & 1 & & 1 & & 1 & & \\ & -1 & -1 & -1 & -2 & -2 & -2 & -2 & -2 & -2 & \\ & & & & & & & & 1 & 1 & 1 & 1 \end{array} \end{cases}$$

式中，$\boldsymbol{F}$ 表示外力，m 表示质量。

由式（3-44）可得缩放因子 δ

$$\delta_x = \frac{x^{(p)}}{x^{(m)}}; \delta_y = \frac{y^{(p)}}{y^{(m)}}; \delta_z = \frac{z^{(p)}}{z^{(m)}}; \delta_T = \frac{t^{(p)}}{t^{(m)}}; \delta_M = \frac{m^{(p)}}{m^{(m)}}$$

这些缩放因子可以任意给定，由式（3-47）可得缩放因子 ζ

$$\begin{cases} \zeta_{u_x} = \delta_x; \zeta_{u_y} = \delta_y; \zeta_{u_z} = \delta_z \\ \zeta_{v_x} = \delta_x \delta_T^{-1}; \zeta_{v_y} = \delta_y \delta_T^{-1}; \zeta_{v_z} = \delta_z \delta_T^{-1} \\ \zeta_{a_x} = \delta_x \delta_T^{-2}; \zeta_{a_y} = \delta_y \delta_T^{-2}; \zeta_{a_z} = \delta_z \delta_T^{-2} \\ \zeta_{F_x} = \delta_x \delta_T^{-2} \delta_M; \zeta_{F_y} = \delta_y \delta_T^{-2} \delta_M; \zeta_{F_z} = \delta_z \delta_T^{-2} \delta_M \\ \zeta_m = \delta_M \end{cases} \quad (3-53)$$

式（3-53）也可表示为

$$\begin{cases} \zeta_{v_x} = \zeta_{u_x} \delta_T^{-1}; \text{etc.} \\ \zeta_{a_x} = \zeta_{v_x} \delta_T^{-1} = \zeta_{v_x}^2 \zeta_{u_x}^{-1}; \text{etc.} \\ \zeta_{F_x} = \zeta_{a_x} \delta_M; \text{etc.} \\ \zeta_m = \zeta_{F_x} \zeta_{a_x}^{-1}; \text{etc.} \end{cases} \quad (3-54)$$

若长度缩放因子相等，即

$$\delta_L = \frac{x^{(p)}}{x^{(m)}} = \frac{y^{(p)}}{y^{(m)}} = \frac{z^{(p)}}{z^{(m)}}$$

将上式代入式（3-53）可得

$$\begin{cases} \zeta_u = \delta_L \\ \zeta_v = \delta_L \delta_T^{-1} = \zeta_u \delta_T^{-1} \\ \zeta_a = \delta_L \delta_T^{-2} = \zeta_v \delta_T^{-1} = \zeta_v^2 \zeta_u^{-1} \\ \zeta_F = \delta_L \delta_T^{-2} \delta_M = \zeta_a \delta_M \\ \zeta_m = \delta_M = \zeta_F \zeta_a^{-1} \end{cases} \quad (3-55)$$

此外，若质量随着几何尺寸按比例变化，即质量与体积成正比，则

$$\delta_M = \delta_L^3$$

将上式代入式（3-55）得

$$\begin{cases} \zeta_F = \delta_L^4 \delta_L^{-2} = \zeta_a \delta_L^3 \\ \zeta_m = \delta_L^3 \end{cases} \quad (3-56)$$

通过比较式（3-55）和式（3-52）可见，动力学相似的要求完全包含运动学相似的要求。

3.6.2　缩比模型试验实践中的考虑

3.6.2.1　基本原则

模型试验前最重要的工作就是设计缩比模型，对于一个缩比模型来说，必须要求它能够准确反映出全尺寸原型的所有重要特征，任何差异都应减小到最小。另一方面，对于一些不重要的属性，模型中也不应该过度描述，例如，非结构部分就可以忽略，以自重表示。

3.6.2.2　模型参数

由于对于同一个问题，可以组合出许多组不同的无量纲变量集，因此在试验中，应根据这些参数能否很方便地在试验中进行控制来做出选择。然而，为了与以前所做的试验进行对比，也会直接使用先前使用过的参数。表3-3列出了与导弹模态试验相关的物理问题

常用的无量纲变量。

表 3 - 3　模态试验的无量纲变量

物理问题	无量纲变量
横向振动	$\dfrac{m\omega^2}{E},\dfrac{I}{l^4},\dfrac{I}{\kappa A l^2},\dfrac{G}{E},\sqrt{\dfrac{I}{A}}\Big/l$
纵向振动	$\dfrac{m\omega^2}{E},\dfrac{A}{l^2}$
局部振动	$\dfrac{\rho_W\omega^2 l^2}{E},\dfrac{t}{r},\dfrac{h}{r},\dfrac{r}{l},\dfrac{G}{E},\dfrac{P}{E},\dfrac{\rho_l}{\rho_W}$
抖振	$\dfrac{l\omega}{v},\dfrac{r}{l},\dfrac{\varepsilon}{r},\dfrac{P}{\rho v^2},N_M,N_R$
颤振	$\dfrac{l\omega}{v},\dfrac{m}{\rho l^2},\dfrac{S_a}{ml},\dfrac{\mu}{ml^2},\dfrac{\omega}{\omega_a},\dfrac{\omega_h}{\omega_a},\dfrac{x_0}{l},N_M$
风激振动	$\dfrac{l\omega}{v},\dfrac{r}{l},\dfrac{\varepsilon}{r},\dfrac{m}{\rho l^2},\dfrac{m\omega^2}{E},\dfrac{I}{l^4},\omega\tau,N_R$

　　振动模型试验：当战术导弹可以简化为一根梁的时候，横向振动和纵向振动可以采用同样的缩比模型，如果还忽略剪切变形，那么只要前两个无量纲变量就足够了。而对于局部振动和整体振动来说，最好采用不同的缩比模型，这是因为这些问题会产生很多参数。

　　抖振模型试验：最重要的就是表面粗糙度 ε 的缩放。而为了考虑导弹弹性的影响，至少还要将横向振动特性进行缩放。

　　颤振模型试验：适用于飞机的建模技术，也适用于战术导弹。

　　风激振动模型试验：局部几何关系和表面粗糙度是最为重要的，同时必须将横向振动特性进行精确缩放。对于规模很大的导弹，由于风洞尺寸的限制，可能难以保证准确的雷诺数和马赫数。

3.6.2.3　弹性结构的相似比例定律

　　各向同性弹性体的动力学方程为

$$\frac{E}{2(1+\upsilon)(1-2\upsilon)}\left(\frac{\partial}{\partial x},\frac{\partial}{\partial y},\frac{\partial}{\partial z}\right)\left(\frac{\partial u_x}{\partial x}+\frac{\partial u_y}{\partial y}+\frac{\partial u_z}{\partial z}\right)+$$

$$\frac{E}{2(1+\upsilon)}\left(\frac{\partial^2}{\partial x^2}+\frac{\partial^2}{\partial y^2}+\frac{\partial^2}{\partial z^2}\right)(u_x,u_y,u_z)-$$

$$\rho\left(\frac{\partial^2 u_x}{\partial t^2},\frac{\partial^2 u_y}{\partial t^2},\frac{\partial^2 u_z}{\partial t^2}\right)=0$$

$$(3-57)$$

该方程建立在笛卡儿直角坐标系中，位移为 u_x,u_y,u_z，并假设只有惯性力作用。

式（3-57）对全尺寸原型和缩比模型都适用。假设三个方向的长度缩放因子相同，即

$$\delta_L=\frac{x^{(p)}}{x^{(m)}}=\frac{y^{(p)}}{y^{(m)}}=\frac{z^{(p)}}{z^{(m)}}$$

式（3-57）可写为

$$\frac{\zeta_E E}{2(1+\zeta_\upsilon\upsilon)(1-2\zeta_\upsilon\upsilon)}\frac{1}{\delta_L}\left(\frac{\partial}{\partial x},\frac{\partial}{\partial y},\frac{\partial}{\partial z}\right)\left(\frac{\partial u_x}{\partial x}+\frac{\partial u_y}{\partial x}+\frac{\partial u_z}{\partial x}\right)+$$

$$\frac{\zeta_E E}{2(1+\zeta_\upsilon\upsilon)}\frac{1}{\delta_L^2}\left(\frac{\partial^2}{\partial x^2}+\frac{\partial^2}{\partial y^2}+\frac{\partial^2}{\partial z^2}\right)\delta_L(u_x,u_y,u_z)-$$

$$\zeta_\rho\rho\frac{\delta_L}{\delta_T^2}\left(\frac{\partial^2 u_x}{\partial t^2},\frac{\partial^2 u_y}{\partial t^2},\frac{\partial^2 u_z}{\partial t^2}\right)=0$$

上式只有满足以下条件时才与式（3-57）一致。

$$\left.\begin{array}{l}\zeta_\upsilon=\dfrac{\upsilon^{(p)}}{\upsilon^{(m)}}=1\\[3mm]\dfrac{\zeta_E\delta_T^2}{\zeta_\rho\delta_L^2}=\dfrac{E^{(p)}t^{(p)2}\rho^{(p)}l^{(p)2}}{E^{(m)}t^{(m)2}\rho^{(m)}l^{(m)2}}=1\end{array}\right\}\qquad(3-58)$$

式（3-58）式中第一个条件要求模型和原型的泊松比相等，第二个条件给了相似比例定律很大的选择空间，因为有 3 个（基本量纲的个数）缩放因子可以任意选取。

参 考 文 献

［1］ 白化同，郭继忠. 模态分析理论与试验［M］. 北京：北京理工大学出版社，2001.
［2］ 李德葆，陆秋海. 实验模态分析及应用［M］. 北京：科学出版社，2001.
［3］ 傅志方，华红星. 模态分析理论及应用［M］. 上海：上海交通大学出版社，2000.
［4］ ROBERT J. GU Y. Reduction of Stiffness and Mass Matrices［J］, AIAA Journal，Vol3（2），1965：380 - 380.
［5］ WISSMANN J W. Structural Dynamics Model Testing［J］, NASA CR - 1195：1 - 43.

第 4 章　结构动力学模型修正

4.1　概述

准确的有限元模型对战术导弹的结构动力学特性分析、响应预示、健康监测和振动控制是极其重要的。在工程研制中，由于舱段连接刚度和舱段结构在建模过程中的不恰当简化、材料参数的不确定性、阻尼特性的估计不准确、边界条件的近似模拟等因素，有限元模型计算的模态参数结果与试验结果往往有一定差异，因此需要对有限元模型进行修正，以准确描述导弹实际结构的动力学特征。

模型修正就是在一定的范围内，采用某种方法，修改在建立理论模型时采用的某些初始参数，以使得由理论模型计算得到的动力学特性尽可能与实际结构一致。在结构有限元模型修正中，常采用直接矩阵逼近[1-3]和基于参数[4-5]的模型修正方法，参数主要包括理论模型的物理参数（如密度、弹性模量）、几何尺寸（如截面面积）以及边界条件等。使用矩阵型修正方法得到的质量矩阵和刚度矩阵物理意义不明确，甚至会出现"负刚度"，而参数型修正方法保留了系统刚度矩阵与质量矩阵的带状稀疏分布特性，物理意义更明确。

模型修正问题本质上是多目标优化问题，优化方法是一种寻找确定最优设计方案的技术[6-8]。若将结构的动力学特性等作为目标函数或者约束条件，通过优化设计方法搜索设计变量的取值，经过多次迭代，可使模型与实际结构的动力学特性差异趋于最小。

灵敏度法是模型修正中最常用的方法[9-11]，具有清晰的物理含义，它计算模态参数关于模型参数泰勒展开的一阶逼近，舍去了高阶项，这种方法具有算法简单、收敛速度快的特点，在本质上是根据向量梯度计算结果来判断搜索方向的最速下降法。在最优化方法中，采用向量梯度搜索的方法还有牛顿法、共轭梯度法等[12-13]，也在模型修正中得到了应用[14]。虽然这类算法解决了修正质量矩阵、刚度矩阵的盲目性问题，收敛速度很快，但在优化过程中大多从某一初始值或初始值向量出发进行迭代搜索，最后收敛于目标函数的极值点。当目标函数具有多个极值点时，这类算法的全局搜索性较差，其优化结果严重依赖于设计变量初始值的选取，求得的解往往只是局部最优解，所以只适用于导弹结构参数误差较小的情况，需要结合其他方法使用。

　　为了解决向量梯度算法全局搜索性较差的问题，人们发展了一些全局优化算法，如遗传算法、单纯形方法等。20 世纪 70 年代初，美国的 Holland 教授提出了遗传算法[15]，遗传算法具有较强的全局搜索性能，它是借鉴生物的自然选择和遗传进化机制而开发的全局概率搜索算法。这种算法借鉴生物遗传的机制，以群体的方法进行自适应搜索，并充分利用选择、交叉和变异等策略，逐步使群体进化到包含或接近最优解的状态，具有良好的全局优化性能和稳健性。从遗传算法的计算过程可知，它的计算量非常大，收敛速度较慢。单纯形方法是一种多变量函数的寻优方法，是一种直接快速地搜索最优值的方法，其对目标函数的解析性没有要求，收敛速度快，适用于线性规划问题。主要思想是先找到一个基本可行解，判断是否为最优解，如果不是再进行判定，如此迭代运算，直至找到最优解。

　　对于多目标优化问题，各个目标函数并不是独立存在的，它们往往是相互矛盾和冲突的[15]，要同时使多个子目标都达到最优值是不可能的，每个目标函数都具有不同的物理意义，这种复杂性使得对其优化变得十分困难。长期以来，在处理多目标问题时，人们往往将多目标优化中的不同目标函数根据权重组合成一个复合目标函数，即将多目标优化问题转化成单目标优化问题。但实际中很难确定各个目标函数的相对权重，而且希望多个目标函数之间非劣，因此不能直接套用单目标进化算法的思想求解。为此，人们发展了多目标进化算法（MOEA）。与传统的多目标优化算法相比，多目标进化算法模拟自然进化过程，采用随机搜索的策略，已经被证明不仅可以很好地处理复杂的单目标问题，而且也适应于解决多目标问题。

4.2　模型修正传统方法

战术导弹有限元模型可以按下式进行数学描述

$$M\ddot{x} + C\dot{x} + Kx = 0 \tag{4-1}$$

式中　M，K，C——导弹结构质量矩阵、刚度矩阵和阻尼矩阵；

x——位移响应列向量。

模型修正过程就是如何从原始有限元模型和试验数据得到接近真实结构的 M 和 K。

4.2.1　矩阵摄动法

此方法由陈介中（J. C. Chen）于 1983 年提出，它直接利用试验模态分析所得的模态振型矩阵和特征值矩阵修改有限元模型的质量矩阵和刚度矩阵。

用 M_0、K_0、Λ_0、Φ_0 分别代表原有限元分析模型的质量矩阵、刚度矩阵、特征值矩阵和模态振型矩阵，那么真实导弹结构的相应矩阵可写为

$$M = M_0 + \Delta M \tag{4-2}$$

$$K = K_0 + \Delta K \tag{4-3}$$

$$\Phi = \Phi_0 + \Delta\Phi \tag{4-4}$$

$$\Lambda = \Lambda_0 + \Delta\Lambda \tag{4-5}$$

另外，假设振型误差矩阵 $\Delta\Phi$ 可以按 Φ_0 分解，有

$$\Delta\Phi = \Phi_0 a \tag{4-6}$$

式中　a——系数矩阵。

由模态正交性有

$$\Phi^{\mathrm{T}} M \Phi = I \tag{4-7}$$

$$\boldsymbol{\Phi}^{\mathrm{T}} \boldsymbol{K} \boldsymbol{\Phi} = \boldsymbol{\Lambda} \qquad (4-8)$$

将式（4-2）～式（4-5）带入上两式并忽略高阶小量得

$$\boldsymbol{\Phi}_0^{\mathrm{T}} \Delta \boldsymbol{M} \boldsymbol{\Phi}_0 = - \boldsymbol{a} - \boldsymbol{a}^{\mathrm{T}} \qquad (4-9)$$

$$\boldsymbol{\Phi}_0^{\mathrm{T}} \Delta \boldsymbol{K} \boldsymbol{\Phi}_0 = \Delta \boldsymbol{\Lambda}_0 - \boldsymbol{\Lambda}_0 \boldsymbol{\Lambda} - \boldsymbol{a}^{\mathrm{T}} \boldsymbol{\Lambda}_0 \qquad (4-10)$$

对上两式左乘 $\boldsymbol{\Phi}_0^{-\mathrm{T}}$，右乘 $\boldsymbol{\Phi}_0^{-1}$，并考虑正交性 $\boldsymbol{\Phi}_0^{\mathrm{T}} \boldsymbol{M}_0 \boldsymbol{\Phi}_0 = \boldsymbol{I}$，$\boldsymbol{a} = \boldsymbol{\Phi}_0^{-1} \boldsymbol{\Phi} - \boldsymbol{I}$，可得

$$\Delta \boldsymbol{M} = \boldsymbol{M}_0 \boldsymbol{\Phi}_0 (2\boldsymbol{I} - \boldsymbol{\Phi}_0^{\mathrm{T}} \boldsymbol{M}_0 \boldsymbol{\Phi} - \boldsymbol{\Phi}^{\mathrm{T}} \boldsymbol{M}_0 \boldsymbol{\Phi}_0) \boldsymbol{\Phi}_0^{\mathrm{T}} \boldsymbol{M}_0 \qquad (4-11)$$

$$\Delta \boldsymbol{K} = \boldsymbol{M}_0 \boldsymbol{\Phi}_0 (\boldsymbol{\Lambda}_0 + \boldsymbol{\Lambda} - \boldsymbol{\Phi}_0^{\mathrm{T}} \boldsymbol{K}_0 \boldsymbol{\Phi} - \boldsymbol{\Phi}^{\mathrm{T}} \boldsymbol{K}_0 \boldsymbol{\Phi}_0) \boldsymbol{\Phi}_0^{\mathrm{T}} \boldsymbol{M}_0$$

$$(4-12)$$

上面两式中 $\boldsymbol{M}_0$、$\boldsymbol{K}_0$、$\boldsymbol{\Lambda}_0$ 和 $\boldsymbol{\Phi}_0$ 为原有限元模型计算值，$\boldsymbol{\Lambda}$ 和 $\boldsymbol{\Phi}$ 为试验值，均为已知量，所以可以直接计算出 $\Delta \boldsymbol{M}$ 和 $\Delta \boldsymbol{K}$，进而得到 $\boldsymbol{M}$ 和 $\boldsymbol{K}$。

上述方法中，$\boldsymbol{\Lambda}$ 和 $\boldsymbol{\Phi}$ 为试验值，必须要求是完整的模态集，即为与 $\boldsymbol{M}_0$、$\boldsymbol{K}_0$ 同维的矩阵，这往往难以满足，所以实际应用过程中需要将有限元计算模型缩聚到试验测试自由度后再进行模型修正，或用有限元计算的模态补齐试验未获得的模态数据。

4.2.2　Berman 法

相对于矩阵摄动法，Berman 法的优点是它只用试验模态矩阵及特征值矩阵，其理论基础也是模态正交性条件。

由式（4-2）和式（4-7）可得

$$\boldsymbol{\Phi}^{\mathrm{T}} \Delta \boldsymbol{M} \boldsymbol{\Phi} = \boldsymbol{I} - \boldsymbol{\Phi}^{\mathrm{T}} \boldsymbol{M}_0 \boldsymbol{\Phi} \triangleq \boldsymbol{I} - \boldsymbol{E}_0 \qquad (4-13)$$

式中　$\boldsymbol{E}_0$——正交性检查矩阵，一般不是对角阵。

由于是以非完备的模态集作为修正基准，满足式（4-13）的解不是唯一的，所以以式（4-13）作为约束条件，寻找使如下范数极小化的解

$$\varepsilon = \frac{1}{\sqrt{\boldsymbol{M}_0}} \Delta \boldsymbol{M} \frac{1}{\sqrt{\boldsymbol{M}_0}} \qquad (4-14)$$

为了求解这一条件极值问题，Berman 定义了一个拉格朗日函数

$$\chi = \varepsilon + \sum_{i=1}^{n} \sum_{j=1}^{n} L_{ij} (\boldsymbol{\Phi}^{\mathrm{T}} \Delta \boldsymbol{M} \boldsymbol{\Phi} - \boldsymbol{I} + \boldsymbol{E}_0)_{ij} \qquad (4-15)$$

式中　　n——测得的模态数；

　　　　L_{ij}——拉格朗日乘子。

将式（4-15）对 $\Delta \boldsymbol{M}$ 的每个元素及 L_{ij} 求导，并令其为零，便可得到条件极值解如下

$$\Delta \boldsymbol{M} = -\frac{1}{2} \boldsymbol{M}_0 \boldsymbol{\Phi} \boldsymbol{\Lambda} \boldsymbol{\Phi}^{\mathrm{T}} \boldsymbol{M}_0 \qquad (4-16)$$

将式（4-16）代入式（4-13）得

$$\boldsymbol{\Lambda} = -2 \boldsymbol{E}_0^{-1} (\boldsymbol{I} - \boldsymbol{E}_0) \boldsymbol{E}_0^{-1} \qquad (4-17)$$

再将其回代式（4-16）得

$$\Delta \boldsymbol{M} = \boldsymbol{M}_0 \boldsymbol{\Phi} \boldsymbol{E}_0^{-1} (\boldsymbol{I} - \boldsymbol{E}_0) \boldsymbol{E}_0^{-1} \boldsymbol{\Phi}^{\mathrm{T}} \boldsymbol{M}_0 \qquad (4-18)$$

计算出 $\Delta \boldsymbol{M}$ 后即可修改 $\boldsymbol{M}_0$ 得到 $\boldsymbol{M}$。

用类似的方法可得到刚度矩阵的修改公式如下

$$\Delta \boldsymbol{K} = \boldsymbol{Z} + \boldsymbol{Z}^{\mathrm{T}} \qquad (4-19)$$

式中

$$\boldsymbol{Z} = \frac{1}{2} \boldsymbol{M}_0 \boldsymbol{\Phi} (\boldsymbol{\Phi}^{\mathrm{T}} \boldsymbol{K}_0 \boldsymbol{\Phi} + \boldsymbol{\Lambda}) \boldsymbol{\Phi}^{\mathrm{T}} \boldsymbol{M}_0 - \boldsymbol{K}_0 \boldsymbol{\Phi} \boldsymbol{\Phi}^{\mathrm{T}} \boldsymbol{M}_0 \qquad (4-20)$$

4.2.3　灵敏度法

结构动态特性灵敏度可以理解为结构动力学特性参数（频率、振型等）对结构参数的改变率。进行结构动态特性灵敏度分析可以求出导弹固有频率和振型对结构各部分质量、刚度的敏感度，从而指示工程师修改何处的结构参数对导弹整体固有特性影响最大、最有效，有时可以收到事半功倍的效果。

式（4-1）对于无阻尼系统的特征方程为

$$(-\omega_r^2 \boldsymbol{M} + \boldsymbol{K}) \boldsymbol{\varphi}_r = 0 \qquad (4-21)$$

式中　　ω_r、$\boldsymbol{\varphi}_r$——第 r 阶模态频率和振型向量。

将式（4-21）对参数 p 求导得

$$\left(-2\omega_r \frac{\partial \omega_r}{\partial p} \boldsymbol{M} - \omega_r^2 \frac{\partial \boldsymbol{M}}{\partial p} + \frac{\partial \boldsymbol{K}}{\partial p}\right)\boldsymbol{\varphi}_r + (-\omega_r^2 \boldsymbol{M} + \boldsymbol{K})\frac{\partial \boldsymbol{\varphi}_r}{\partial p} = 0$$

$$(4-22)$$

将上式两边同乘以 $\boldsymbol{\varphi}_r^{\mathrm{T}}$ ，并注意到 $\boldsymbol{\varphi}_r^{\mathrm{T}}(-\omega_r^2\boldsymbol{M}+\boldsymbol{K})=0$ ，则有

$$\frac{\partial \omega_r}{\partial p} = -\frac{1}{2\omega_r}\left(\omega_r^2 \boldsymbol{\varphi}_r^{\mathrm{T}} \frac{\partial \boldsymbol{M}}{\partial p}\boldsymbol{\varphi}_r - \boldsymbol{\varphi}_r^{\mathrm{T}}\frac{\partial \boldsymbol{K}}{\partial p}\boldsymbol{\varphi}_r\right) \qquad (4-23)$$

这就是固有频率对参数 p 的灵敏度。同样，不难得到振型对参数 p 的灵敏度如下

$$\frac{\partial \boldsymbol{\varphi}_r}{\partial p} = \sum_{s=1}^{n} a_s \boldsymbol{\varphi}_s \qquad (4-24)$$

式中 n ——模态数。

系数 a_s 表达式如下

$$a_s = \begin{cases} \dfrac{1}{\omega_s^2-\omega_r^2}\left(\omega_r^2 \boldsymbol{\varphi}_s^{\mathrm{T}} \dfrac{\partial \boldsymbol{M}}{\partial p}\boldsymbol{\varphi}_r - \boldsymbol{\varphi}_s^{\mathrm{T}}\dfrac{\partial \boldsymbol{K}}{\partial p}\boldsymbol{\varphi}_r\right) & s \ne r \\ -\dfrac{1}{2}\boldsymbol{\varphi}_r^{\mathrm{T}}\dfrac{\partial \boldsymbol{M}}{\partial p}\boldsymbol{\varphi}_r & s = r \end{cases} \qquad (4-25)$$

将式（4-23）和式（4-24）中的参数 p 分别代之以 $\boldsymbol{M}$ 的元素 m_{ij} 和 $\boldsymbol{K}$ 的元素 k_{ij} ，得到固有频率和固有振型对质量矩阵和刚度矩阵元素的灵敏度，见表 4-1 和表 4-2。

表 4-1 频率的灵敏度

	$i \ne j$	$i = j$
$\partial \omega_r / \partial m_{ij}$	$-\omega_r \varphi_{ir}\varphi_{jr}$	$-\omega_r \varphi_{ir}^2/2$
$\partial \omega_r / \partial k_{ij}$	$\varphi_{ir}\varphi_{jr}/\omega_r$	$\varphi_{ir}^2/(2\omega_r)$

表 4-2 振型的灵敏度

	$s \ne r$		$s = r$	
	$i \ne j$	$i = j$	$i \ne j$	$i = j$
$a_s, p = m_{ij}$	$\dfrac{\omega_r^2}{\omega_s^2-\omega_r^2}(\varphi_{is}\varphi_{jr}+\varphi_{js}\varphi_{ir})$	$\dfrac{\omega_r^2}{\omega_s^2-\omega_r^2}\varphi_{is}\varphi_{jr}$	$-\varphi_{is}\varphi_{jr}$	$-\varphi_{ir}^2/2$
$a_s, p = k_{ij}$	$\dfrac{1}{\omega_s^2-\omega_r^2}(\varphi_{is}\varphi_{jr}+\varphi_{js}\varphi_{ir})$	$\dfrac{1}{\omega_s^2-\omega_r^2}\varphi_{is}\varphi_{jr}$	0	0

4.3　结构动力学灵敏度分析

本节将结构动力学灵敏度分析技术应用于战术导弹动特性设计，计算了战术导弹各连接面刚度对全弹振动频率和振型的灵敏度，作为导弹动力学模型修正和结构设计的参考。

4.3.1　模型介绍

导弹采用梁-质量块模型，各质量分站以带质量的零维单元连接在各节点上，梁单元采用变截面 Timoshenko 有限元模型，由于弹身为连续气动外形，各节点处截面半径不相等，因此采用如下式的形函数导数与材料参数矩阵乘积在单元长度上积分的方法，得到各单元的刚度矩阵

$$\boldsymbol{K}_{e} = \int_{0}^{l} (EI\, \bar{\boldsymbol{B}}^{\mathrm{T}} \bar{\boldsymbol{B}} + \kappa GA\varepsilon^{2}\, \bar{\boldsymbol{N}}^{\mathrm{T}} \bar{\boldsymbol{N}}) \mathrm{d}x \qquad (4-26)$$

式中　$\bar{\boldsymbol{N}} = \begin{bmatrix} 2/l & 1 & -2/l & 1 \end{bmatrix}^{\mathrm{T}}$；

$\varepsilon = (6EI/l)/(12EI/l + GAl\kappa)$；

l——梁单元长度；

$EI(x)$——梁单元的抗弯刚度；

G——材料的剪切模量；

A——某坐标处截面面积；

κ——剪切系数。

这里假设剪应力的分布与弹性力学中悬臂梁的剪应力分布相同，可以得到 $\kappa = \dfrac{2(1+\nu)}{4+3\nu}$ [16]，$\bar{\boldsymbol{B}} = \boldsymbol{B} - \dfrac{6\varepsilon}{l}(2\dfrac{x}{l} - 1)\bar{\boldsymbol{N}}$，$\boldsymbol{B}$ 为梁单元的形函数对坐标的二次导数，$\bar{\boldsymbol{N}}$ 为梁单元的形函数。

4.3.2　算例

基于 4.3.1 节中的计算公式，编程计算可以得到导弹的前三阶

固有模态，分别如图 4 - 1～图 4 - 3 所示，图中的点表示用于灵敏度
分析的连接面。

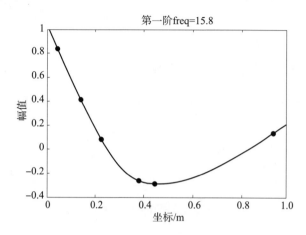

图 4 - 1　第一阶固有振型及连接面位置

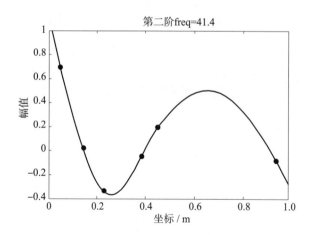

图 4 - 2　第二阶固有振型及连接面位置

前三阶振动频率对连接面刚度的灵敏度曲线如图 4 - 4～图 4 - 6
所示，连接面刚度对前三阶振型的灵敏度曲线如图 4 - 7～图 4 - 9 所
示。从图 4 - 4～图 4 - 6 中可以看出，第一阶振动频率对第四连接面

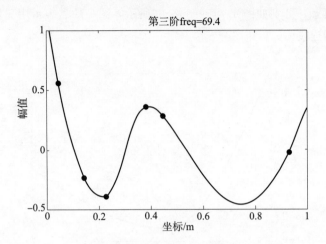

图 4 - 3　第三阶固有振型及连接面位置

刚度灵敏度最大，第二阶振动频率对第三连接面刚度灵敏度最大，第三阶振动频率对第三和第四连接面灵敏度较大。灵敏度大的含义为该处连接面刚度变化较弹体其他灵敏度小的部位对结构的振动频率影响程度大。从图 4 - 7～图 4 - 9 可以看出，第一阶固有振型对第四连接面刚度灵敏度较大，第二阶固有振型对第三连接面刚度灵敏度较大，第三阶固有振型对第三和第四连接面刚度灵敏度均较大。

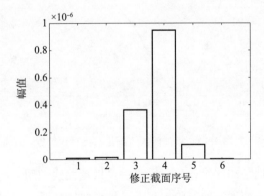

图 4 - 4　第一阶固有频率对各连接截面刚度的灵敏度

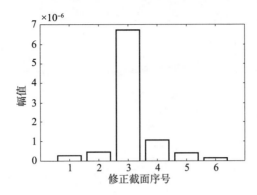

图 4 - 5 第二阶固有频率对各连接截面刚度的灵敏度

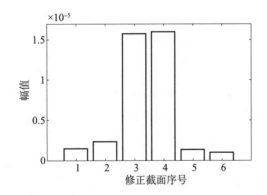

图 4 - 6 第三阶固有频率对各连接截面刚度的灵敏度

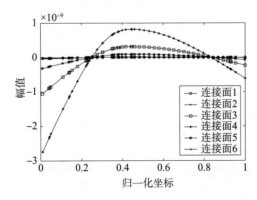

图 4 - 7 第一阶固有振型对各连接截面刚度的灵敏度

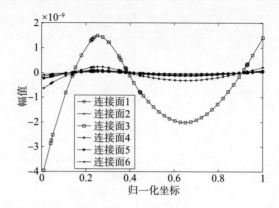

图 4 - 8　第二阶固有振型对各连接截面刚度的灵敏度

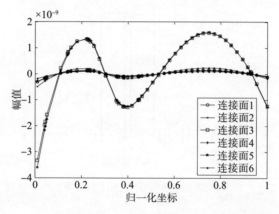

图 4 - 9　第三阶固有振型对各连接截面刚度的灵敏度

4.3.3　小结

研究了战术导弹的结构动力学频率灵敏度、振型灵敏度分析技术,该分析方法可以有效地分析各舱段连接面刚度对全弹模态的影响,为模型修正和结构设计提供参考。研究发现全弹的固有频率和振型对处于全弹振型波峰或者波谷位置的连接面刚度的灵敏度较大,即对全弹模态的影响较大。

4.4　基于链式算法的模型修正方法

4.4.1　修正方法

将灵敏度修正技术与优化修正技术相结合，首先使用灵敏度修正技术作为第一步修正，选择模型的物理参数为修正参数，将模型的模态频率作为修正参考；将第一步修正后的参数组合作为优化修正技术的初始值，使用优化计算对模型参数进行第二步修正。

4.4.4.1　灵敏度修正技术

选定需要修正的物理参数，分析模型模态频率对各物理参数改变的梯度。根据试验模态频率结果与计算模态频率结果的差值，再使用式（4-27）即可得到模态频率变化对应的物理参数的变化量，从而达到模态频率修正的目的

$$\Delta p_i = \sum_{r=1}^{n} \Delta \omega_r / \frac{\partial \omega_r}{\partial p_i} \qquad (4-27)$$

式中　n——需修正的模型阶数；

　　　p——拟修正的物理参数。

式（4-27）只考虑了模型灵敏度的一阶梯度，当试验与计算模态频率相差较大时，一次修正后的结果误差较大，因此需要进行迭代修正。

4.4.4.2　有约束条件下的优化技术

带有约束条件的优化计算问题可以表示为优化目标函数与约束条件的组合。其中，优化目标函数可表示为

$$\min f(\boldsymbol{x}) \qquad (4-28)$$

约束条件

$$C_2 \leqslant C_i \leqslant C_1, i = 1, 2, \cdots, n \qquad (4-29)$$

式中　$\boldsymbol{x}$——优化设计的变量，$\boldsymbol{x} = [x_1 \ x_2 \cdots x_{n-1} \ x_n]$；

　　　C_i——可以是表达式，也可为参数。

采用 MATLAB 优化工具箱进行模型修正，步骤为：

1）选定优化的参数，并给定合适的初始值；

2）选择约束条件；

3）选择优化工具，即 MATLAB 优化工具箱中的优化函数；

4）定义优化循环控制方式，进行优化分析，最后查看设计序列结果和后处理。

4.4.4.3 算法流程

修正方法的计算流程图如图 4 - 10 所示。修正过程需要进行多次迭代，每一次迭代均需要更新模型的总刚度矩阵、总质量矩阵，从而计算得到新的模态频率与振型，代入公式中进行下一步迭代计算。

4.4.2 算例

4.4.2.1 模型介绍

某型导弹采用梁-质量块动力学模型。各节点质量以零维质量单元连接在各节点上，梁单元采用变截面 Euler－Bernoulli 梁模型。

通过组装各单元刚度矩阵与质量矩阵，得到关于各节点平动自由度和转动自由度的总刚度矩阵、总质量矩阵，计算结构的模态。试验辨识的模态参数与模型计算值的对比如表 4 - 3 所示，从表 4 - 3 中看出，计算的模态参数与试验辨识结果相差很大，模态频率误差超过了 34%，模态振型的 MAC 值均低于 0.9，第 i 阶 MAC 值的计算方法如下所示

$$\mathrm{MAC}_i = \frac{(\boldsymbol{\varphi}_{ei}{}^T \boldsymbol{\varphi}_{ci})^2}{(\boldsymbol{\varphi}_{ei}{}^T \boldsymbol{\varphi}_{ei})(\boldsymbol{\varphi}_{ci}{}^T \boldsymbol{\varphi}_{ci})} \qquad (4-30)$$

式中，下标 e 与 c 分别代表试验值与计算值。

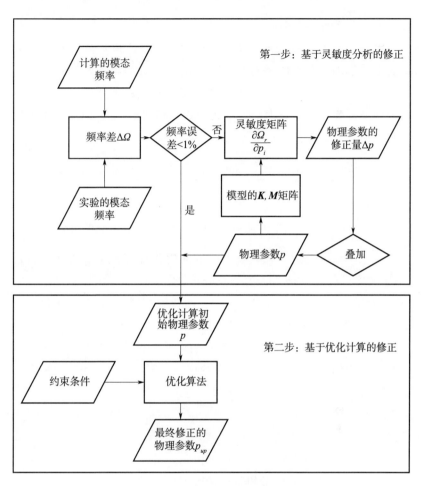

图 4 - 10　算法流程图

表 4 - 3　试验模态参数与计算值对比

阶次	试验模态频率/Hz	计算模态频率/Hz	误差/（%）	MAC
一阶弯曲	23.70	31.75	34.09	0.897
二阶弯曲	53.80	80.85	50.29	0.848

4.4.2.2　模型的优化修正

第一步修正模型：灵敏度修正模型。选择部段连接处和存在开口的梁单元的刚度矩阵进行修正。与刚度相关的物理量为弹性模量与截面惯性矩，由于单元的截面惯性矩是随坐标变化的，因此选择较为简单的弹性模量作为修正参数，式（4-23）可进一步变化为模态频率对梁单元弹性模量的导数

$$\frac{\partial \omega_r}{\partial E_i} = \frac{1}{2\omega_r} \boldsymbol{\varphi}_r^{\mathrm{T}} \left(\frac{\partial \boldsymbol{K}}{\partial E_i} - \omega_r^2 \frac{\partial \boldsymbol{M}}{\partial E_i} \right) \boldsymbol{\varphi}_r = \frac{1}{2\omega_r} \boldsymbol{\varphi}_r^{\mathrm{T}} \frac{\partial \boldsymbol{K}}{\partial E_i} \boldsymbol{\varphi}_r$$

$$(4-31)$$

式中　$\dfrac{\partial \boldsymbol{K}}{\partial E_i}$——各梁单元的刚度矩阵对弹性模量导数的组装。

第二步修正模型：有约束条件下的优化计算模型。选择 MAT-LAB 优化工具箱中的"x=fminsearch（@myfun，x0）"程序，其中"x"为优化参数，该设计参数与第一步模型相同，"x0"为优化参数的初始迭代值，为第一步模型中设计参数的计算结果。目标函数 myfun 如式（4-32）所示，其中将前两阶弯曲模态的 MAC 值和模态频率作为约束条件，将 MAC 值约束在 1 附近，模态频率约束在试验值附近

$$\mathrm{myfun} = (\mathrm{MAC}_1 - 1)^2 + (\mathrm{MAC}_2 - 1)^2 + (\Omega_{e1} - \Omega_{c1})^2 + (\Omega_{e2} - \Omega_{c2})^2$$

$$(4-32)$$

式中　Ω_{ei}——第 i 阶模态频率试验值；

　　　　Ω_{ci}——第 i 阶模态频率计算值。

两步优化计算结束后，将第二步优化结果作为设计参数的最终修正结果。

由于试验结果只有前两阶弯曲模态，因此以下仅对模型的前两阶弯曲模态进行了修正对比。

模型修正后，模态频率结果和振型结果分别如表 4-4 和表 4-5 所示，图 4-11 与图 4-12 分别给出了前两阶振型的对比。

表 4 - 4 修正前后模态频率对比

阶次	试验值	无修正		一次修正		二次修正	
	Hz	Hz	误差/（%）	Hz	误差/（%）	Hz	误差/（%）
一阶	23.70	31.75	34.09	23.90	0.99	22.20	6.31
二阶	53.80	80.85	50.29	53.85	0.08	52.15	3.04

表 4 - 5 修正前后模态振型对比

阶次	无修正		一次修正		二次修正	
	MAC	误差/（%）	MAC	误差/（%）	MAC	误差/（%）
一阶	0.897	44.26	0.966	28.63	0.996	9.58
二阶	0.848	53.09	0.866	50.16	0.971	23.98

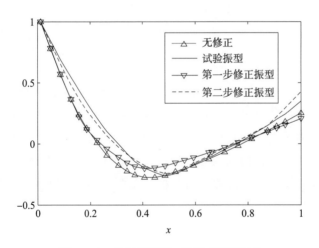

图 4 - 11 修正前后第一阶模态振型对比

从表 4-4 与表 4-5 看出，修正后的模态频率与振型均得到很大的改善，使用灵敏度分析技术做第一步修正后，计算与试验的模态频率的误差减小到 1% 以内，但是振型改善不大，第一阶 MAC 误差依然达到了 28%，而第二阶超过了 50%；当使用优化方法再次修正后，振型结果得到了较大的改善，MAC 值可以达到 0.97 以上，计算结果基本与试验结果吻合，模态频率误差均保持在 5% 左右。

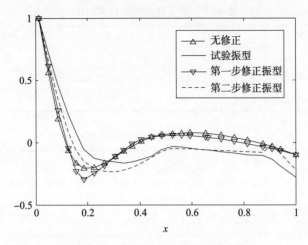

图 4-12　修正前后第二阶模态振型对比

4.4.3　小结

将灵敏度分析技术与优化设计技术结合，运用在导弹结构动力学模型修正中。以灵敏度分析技术作为第一步修正，基于试验的模态频率值对模型的弹性模量进行了修正，而后将第一步中的弹性模量值作为优化参数的初始值，运用优化设计方法对模型的模态振型进行修正，修正后的导弹动力学模型前两阶频率和振型与试验结果均吻合较好。

4.5　基于遗传算法的模型修正方法

4.5.1　修正方法

4.5.1.1　目标函数的确定

不考虑结构的阻尼，通过建立有限元模型，将单元刚度矩阵和质量矩阵组装成总体刚度矩阵和总体质量矩阵，求解如下方程

$$M\ddot{x} + Kx = 0 \qquad\qquad (4-33)$$

上式可以转化成特征值问题，从而求得模型的固有频率和振型。

由于固有频率包含的结构信息相对较少，单独使用振型往往会丢掉较为准确的固有频率信息，更合理的方法是联合使用固有频率和模态振型的信息作为目标函数[17]。设试验结果中包含 m 阶模态，每阶振型包括 n 个自由度，将目标函数 f 定义为如下

$$f = \sum_{i=1}^{m} w_{f,i}\left[(f_{c,i} - f_{e,i})/f_{e,i}\right]^2 + \sum_{i=1}^{m}\sum_{j=1}^{n} w_{\varphi,ij}\left[(\varphi_{c,ij} - \varphi_{e,ij})\right]^2$$

$$(4-34)$$

式中　f_i，φ_{ij} ——频率和按位移归一化的振型；

　　　c——表示计算结果；

　　　e——表示试验结果；

　　　$w_{f,i}$，$w_{\varphi,ij}$ ——频率和振型的加权系数。

4.5.1.2　计算方法

由于参数型修正方法的物理意义更明确，因此采用参数型修正方法。设选定的结构参数，如单元的弹性模量和壁厚等构成向量 x $= \left[E_1 \cdots E_i \cdots E_{n_E} \quad t_1 \cdots t_j \cdots t_{n_t}\right]^\mathrm{T}$，下标 n_E 表示选取的弹性模量参数的个数，n_t 表示选取的壁厚参数的个数，模型修正问题归结为如下优化问题

$$\min f(x) \qquad\qquad (4-35)$$

$$\mathrm{s.\,t.}\ \ x_{\min} < x < x_{\max} \qquad\qquad (4-36)$$

式中，$x_{\min}$ 和 $x_{\max}$ 构成修正参数所允许的变化范围。上述问题是一个有约束非线性最优化问题。

遗传算法应用于实际问题时，要设置群体，群体由多个个体组成，每个个体代表所求问题的潜在解。这种算法从随机产生的初始群体开始，通过模拟生物一代代的自然进化过程，使群体在选择、交叉和变异等过程中不断提高适应度，最终得到最优良的个体。根据遗传算法的基本步骤，制定模型修正算法流程如图 4-13 所示，为了保证群体样本的多样性，在进化过程中对样本进行了小生境淘汰。

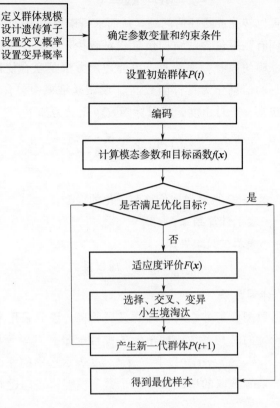

图 4 - 13　算法流程图

4.5.2　算例

本算例有限元模型共 30 个节点，计算时对设计参数进行实数编码，遗传算法的参数设置为：群体大小 $M = 64$，终止代数 $T = 500$，交叉概率 $p_c = 0.9$，变异概率 $p_m = 0.1$。将个体适应度函数定义为目标函数的倒数，即 $F(x) = 1/f(x)$，根据以上算法编写了计算程序，模型未修正前频率和振型计算结果与试验值对比如表 4 - 6、图 4 - 14 和图 4 - 15 所示。

表 4 - 6　模型修正前频率计算结果与试验值对比

阶次	试验结果/Hz	计算结果/Hz	偏差/（%）
1	22.536	26.679	18.4
2	54.270	75.728	39.5

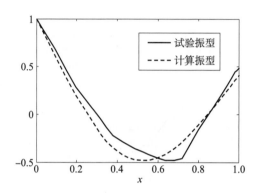

图 4 - 14　模型修正前一阶振型与试验值对比

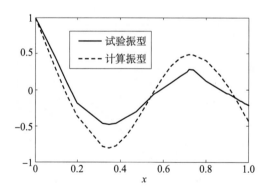

图 4 - 15　模型修正前二阶振型与试验值对比

　　可见，模型修正前计算结果无论是频率还是振型都与试验结果差异较大，不能满足工程设计要求。这说明有限元模型存在较大的初始误差，采用遗传算法进行模型修正后的计算结果如表 4 - 7、图 4 - 16 和图 4 - 17 所示。

表 4 - 7　模型修正后频率计算结果与试验值对比

阶次	试验结果/Hz	计算结果/Hz	偏差/（%）
1	22.536	22.515	0.09
2	54.270	54.390	0.22

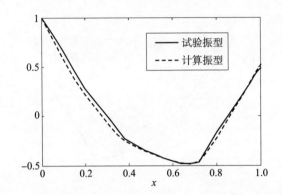

图 4 - 16　模型修正后一阶振型与试验值对比

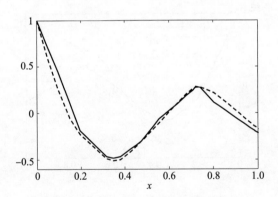

图 4 - 17　模型修正后二阶振型与试验值对比

经过修正后，模型的频率和振型计算结果都与试验结果比较接近，其精度可以满足工程设计的需求。

4.5.3　小结

建立了基于遗传算法的有限元模型修正方法，通过将固有频率和模态振型的信息作为目标函数，对有限元模型进行了修正，与模型修正前计算结果相比，模型修正后频率和振型都与试验结果符合得较好，验证了使用该算法进行模型修正的可行性。

在优化过程中发现，遗传算法中参数的设置，如交叉概率 p_c，变异概率 p_m 等对计算结果会产生影响，需要进一步研究这些参数对计算结果的影响规律，以达到更好的优化效果。

4.6　基于单纯形算法的模型修正方法

4.6.1　修正方法

4.6.1.1　单纯形法

参数的优化设计采用单纯形法，该方法主要针对线性规划问题[18]

$$\min f(\boldsymbol{x}) = \boldsymbol{C}^{\mathrm{T}} \boldsymbol{x}$$
$$\text{s. t. } \boldsymbol{A}\boldsymbol{x} = \boldsymbol{b}, \boldsymbol{x} \geqslant 0 \tag{4-37}$$

单纯形法的计算流程图如图 4-18 所示。

4.6.1.2　优化参数

导弹舱段存在各种机械连接和开口，因此动力学模型应考虑这些结构形式对局部单元刚度或连接刚度的削弱。为了更好地进行导弹模型修正，提出了导弹的总体刚度削减系数 x_0 和各部段连接面和开口处的刚度削减系数 $x_i (i = 1, 2, \cdots s, s$ 为导弹机械连接面和开口的总数)，削减系数为修正后刚度与修正前刚度的比值。因此，优化参数为

$$\boldsymbol{x} = \begin{bmatrix} x_0 & x_1 & x_2 & \cdots & x_s \end{bmatrix}^{\mathrm{T}} \tag{4-38}$$

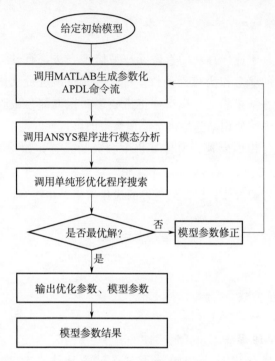

图 4 - 18　算法流程图

通过优化算法得到一组参数，使得目标函数 $f(x)$ 最小，从而得到修正后的与试验值最接近的导弹动力学模型。

4.6.1.3　目标函数

为了使得模型修正兼顾频率和振型的一致性，提出了多目标函数的优化方法。多目标优化可以使得模型的修正能够同时兼顾诸多动特性参数，得到接近真实结构的动力学模型。由于振型随结构、材料力学性能参数等的变化规律比较复杂，因此提出了一种基于归一化振型和无量纲几何参数的目标函数，用于优化算法的求解。目标函数采用统一目标函数法进行优化计算，具有线性加权平方和的形式，具体如下

$$f(\boldsymbol{x}) = \sum_{p=1}^{t} \left(w_p f_p(\boldsymbol{x}) \right)^2 \qquad (4-39)$$

式中，加权因子 $w_p(p = 1,2,\cdots,i)$ 的选取使得各分目标函数 $w_p f_p(\boldsymbol{x})$ 成为无量纲的具有等量级数值的函数。各分目标函数中

$$\begin{cases} f_1(\boldsymbol{x}) = (\omega_1 - \omega_{1e})/\omega_{1e} \\ f_2(\boldsymbol{x}) = (\omega_2 - \omega_{2e})/\omega_{2e} \\ f_3(\boldsymbol{x}) = (\omega_3 - \omega_{3e})/\omega_{3e} \\ f_4(\boldsymbol{x}) = (\eta_{11} - \eta_{11e})/\eta_{11e} \\ f_5(\boldsymbol{x}) = (\eta_{12} - \eta_{12e})/\eta_{12e} \\ \qquad \cdots \\ f_{18}(\boldsymbol{x}) = (\eta_{37} - \eta_{37e})/\eta_{37e} \end{cases} \qquad (4-40)$$

式中　ω_i ——计算得到的固有频率；

　　　ω_{ie} ——试验得到的固有频率；

　　　η_{ij} ——计算得到的振型无量纲几何参数；

　　　η_{ije} ——试验测得的振型无量纲几何参数。

如图 4 - 19 所示，一阶振型曲线有 1 个极值点 P_1，因此振型曲线 CC' 被 P_1 分为两部分：CP_1 和 P_1C'。设 CP_1 在 x 轴的投影为 L_1，在 y 轴的投影为 A_1；P_1C' 在 x 轴的投影为 L_2，在 y 轴的投影为 A_2。因此，一阶振型的无量纲参数为

$$\begin{cases} \eta_{11} = A_1/L_1 \\ \eta_{12} = A_2/L_2 \\ \eta_{13} = A_1/A_2 \end{cases} \qquad (4-41)$$

对于二阶振型曲线而言，有 2 个极值点 P_1、P_2。因此振型曲线 CC' 被 P_1、P_2 分为三部分：CP_1、P_1P_2 和 P_2C'。设 CP_1 在 x 轴的投影为 L_1，在 y 轴的投影为 A_1；P_1P_1 在 x 轴的投影为 L_2，在 y 轴的投影为 A_2；P_1P_3 在 x 轴的投影为 L_3，在 y 轴的投影为 A_3。因此，二阶振型的无量纲参数为

$$\begin{cases} \eta_{21} = A_1/L_1 \\ \eta_{22} = A_2/L_2 \\ \eta_{23} = A_3/L_3 \\ \eta_{24} = A_1/A_2 \\ \eta_{25} = A_1/A_3 \end{cases} \qquad (4-42)$$

对于三阶振型曲线而言，有 3 个极值点 P_1、P_2 和 P_3。因此振型曲线 CC' 被 P_1、P_2 和 P_3 分为四部分：CP_1、P_1P_2、P_2P_3 和 P_3C'。设 CP_1 在 x 轴的投影为 L_1，在 y 轴的投影为 A_1；P_1P_2 在 x 轴的投影为 L_2，在 y 轴的投影为 A_2；P_2P_3 在 x 轴的投影为 L_3，在 y 轴的投影为 A_3；P_2C' 在 x 轴的投影为 L_4，在 y 轴的投影为 A_4。因此，三阶振型的无量纲参数为

$$\begin{cases} \eta_{31} = L_1/A_1 \\ \eta_{32} = L_2/A_2 \\ \eta_{33} = L_3/A_3 \\ \eta_{34} = L_4/A_4 \\ \eta_{35} = A_1/A_2 \\ \eta_{36} = A_1/A_3 \\ \eta_{37} = A_1/A_4 \end{cases} \qquad (4-43)$$

4.6.2　算例

采用的动力学模型为梁-质量块模型，该模型由 44 个集中质量单元和连接这些集中质量单元的 43 个变截面梁单元组成。变截面梁单元考虑到导弹的舱段的锥度，并且考虑梁的剪切变形。

对该模型的结构动特性进行分析，得到导弹模型的各阶频率、振型，并在此基础上采用单纯形法进行模型修正，模型修正后的频率与试验值的对比见表 4-8。

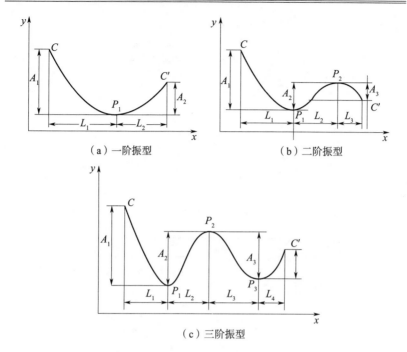

图 4 - 19　振型几何特征参数示意图

表 4 - 8　模型修正结果

阶次	试验结果/Hz	计算结果/Hz	偏差/（%）
1	6.46	6.48	0.38
2	19.72	18.59	5.72
3	25.50	26.12	2.43

　　可见，导弹动力学模型经过最优化模型修正后前三阶频率的偏差较小，达到了修正的目的。其中，一阶频率与试验值的偏差最小，为 0.38%，二阶、三阶频率偏差为 5.72% 和 2.43%。

　　导弹动力学模型修正后的前三阶振型结果与试验值对比如图 4 - 20～图 4 - 22 所示，经计算前三阶振型计算与试验 MAC 值分别为 0.998，0.996 和 0.907，可见经过优化计算修正后的动力学模型与试验吻合较好。

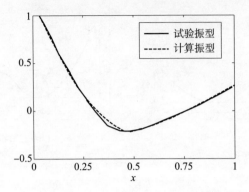

图 4 - 20　模型修正后一阶振型计算结果与试验的对比

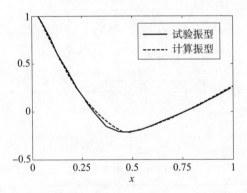

图 4 - 21　模型修正后二阶振型计算结果与试验的对比

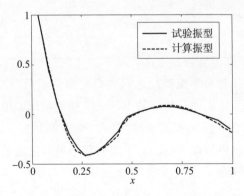

图 4 - 22　模型修正后三阶振型计算结果与试验的对比

4.6.3　小结

给出了一种基于多目标优化算法的导弹动力学模型修正技术，把优化算法和有限元法应用于导弹模型修正。提出了基于导弹固有频率和振型无量纲参数的目标函数，采用单纯形优化算法对有限元模型进行修正，修正后的导弹动力学模型的前三阶频率和振型与试验结果均吻合较好。

4.7　基于 Pareto 最优的模型修正方法

4.7.1　修正方法

4.7.1.1　Pareto 最优的定义

Pareto 最优的定义为：设 $x_A, x_B \in x_f$，x_f 是多目标优化问题的可行解集，目标函数的个数为 m，当且仅当 $\forall i = 1, 2, \cdots, m$，$f_i(x_A) \leqslant f_i(x_B)$，并且 $\exists j = 1, 2, \cdots, m$，$f_j(x_A) < f_j(x_B)$，称 x_A 比 x_B 占优，如果在 x_f 中不存在 x，使得 x 比 x_A 占优，则称 x_A 为 x_f 中的 Pareto 最优解[19]。

由所有的 Pareto 最优解组成的集合称为 Pareto 最优解集，Pareto 最优前沿是 Pareto 最优解集在目标函数空间中的像，非劣解是指 Pareto 最优解通过目标函数映射到目标函数空间中的向量。

4.7.1.2　算法

加权法是多目标优化问题中最常用的方法，这种方法将多个目标函数按照各自的加权系数进行线性组合，将多目标问题转化为传统的单目标问题，但这种方法对 Pareto 最优前端的形状非常敏感，它不能在非凸的曲面上均衡地获得所有的 Pareto 最优解，这是由于在优化过程中各个目标函数在解的空间中沿着直线移动，当 Pareto 最优解构成非凸曲面时，这种方法只能获得少数 Pareto 最优解。

采用多目标进化算法对多目标问题进行优化，使用进化的思想，使得群体中的个体在进化的过程中逐渐收敛于 Pareto 最优前沿。

对每一代群体，求其中的非劣解集并保存下来，与下一代群体一起参与求解非劣解的运算，为了防止非劣解集退化，使非劣解集直接参与全局变异、交叉运算，不参与选择运算。

对个体 x 的适应度的定义不以目标函数的大小作为评判的标准，而是以个体离 Pareto 最优前沿的距离来决定适应度的大小，定义如下

$$F(x) = 1/x_d \qquad (4-44)$$

式中　$F(x)$——当前个体的适应度；

　　　x_d——当前个体与最优非劣个体之间的最小欧氏距离。

在群体中，离 Pareto 最优前沿越接近的个体的适应度越大，这种适应度定义方式确保了个体向 Pareto 最优前沿收敛。

当非劣解集中个体的数量超出限定的容量时，使用 NSGA-Ⅱ算法[20]中的拥挤距离来衡量个体之间的拥挤程度。个体的拥挤距离是指该个体周围不被种群中任何其他个体所占有的搜索空间的度量，计算其中所有个体的拥挤距离，根据拥挤距离对个体进行递减排序，保留最前面的 N 个个体。

根据以上步骤给出算法流程如图 4-23 所示。

4.7.2　算例

4.7.2.1　目标函数

在本算例中建立了基于 Timoshenko 梁理论的有限元模型，共有 38 个节点，模型修正前动特性计算结果与试验结果相差较大，以梁单元的壁厚作为设计变量进行模型修正，模态试验结果中包括两个飞行状态的前两阶频率和振型数据，因此共有 8 个目标函数 $g_i, i = 1, 2, \cdots, 8$，各个目标函数的定义如下：

对于状态 1

$$\begin{cases} g_1 = (f'_{11} - f_{11})/f_{11} \\ g_2 = (f'_{12} - f_{12})/f_{12} \\ g_3 = \parallel \boldsymbol{\varphi}'_{11} - \boldsymbol{\varphi}_{11} \parallel_{(1)} \\ g_4 = \parallel \boldsymbol{\varphi}'_{12} - \boldsymbol{\varphi}_{12} \parallel_{(1)} \end{cases} \qquad (4-45)$$

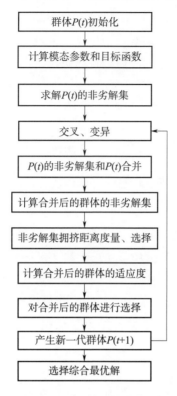

图 4 - 23　算法流程图

式中　$f_{11}, f_{12}, \boldsymbol{\varphi}_{11}, \boldsymbol{\varphi}_{12}$——状态 1 对应的一阶、二阶频率和一阶、二阶振型试验结果；

　　$f'_{11}, f'_{12}, \boldsymbol{\varphi}'_{11}, \boldsymbol{\varphi}'_{12}$——相应的计算结果。

对于状态 2

$$\begin{cases} g_5 = (f'_{21} - f_{21})/f_{21} \\ g_6 = (f'_{22} - f_{22})/f_{22} \\ g_7 = \| \boldsymbol{\varphi}'_{21} - \boldsymbol{\varphi}_{21} \|_{(1)} \\ g_8 = \| \boldsymbol{\varphi}'_{22} - \boldsymbol{\varphi}_{22} \|_{(1)} \end{cases} \quad (4-46)$$

式中　$f_{21}, f_{22}, \boldsymbol{\varphi}_{21}, \boldsymbol{\varphi}_{22}$——状态 2 对应的一阶、二阶频率和一阶、二阶振型试验结果；

f'_{21}，f'_{22}，φ'_{21}，φ'_{22}——相应的计算结果。

如果按照 8 个目标函数进行优化，各目标函数收敛速度非常慢，因此将 8 个目标函数合并成两个目标函数，令

$$\begin{cases} g_{01} = \sum_{i=1}^{4} w_i g_i \\ g_{02} = \sum_{i=5}^{8} w_i g_i \end{cases} \qquad (4-47)$$

式中　g_{01}，g_{02}——两个状态的目标函数；

　　　w_i——加权系数。

4.7.2.2　计算结果

设置群体大小 $M=240$，终止代数 $T=200$，交叉概率 $p_c=0.9$，变异概率 $p_m=0.1$，按照图 4-23 所示的算法，编写程序进行计算。达到终止代数时，共获得 109 个 Pareto 最优解，选取其中综合最优的解，对应的模型动特性计算结果与试验结果对比如图 4-24、图 4-25、表 4-9 和表 4-10 所示。

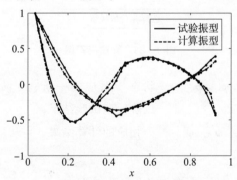

图 4-24　状态 1 前两阶振型与试验结果对比

表 4-9　状态 1 前两阶频率计算结果与试验结果对比

阶次	试验结果/Hz	计算结果/Hz	相对偏差/（%）
1	27.23	27.24	0.04
2	59.65	63.13	5.83

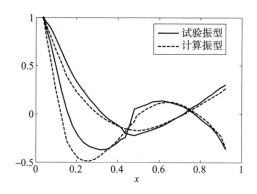

图 4 - 25　状态 2 前两阶振型与试验结果对比

表 4 - 10　状态 2 前两阶频率计算结果与试验结果对比

阶次	试验结果/Hz	计算结果/Hz	相对偏差/（%）
1	35.21	35.17	−0.1
2	87.48	82.38	−5.83

由图 4 - 24、图 4 - 25、表 4 - 9 及表 4 - 10 可见，优化后模型的动特性计算结果中的各个参数与试验值相比，无论频率还是振型都与试验结果符合得较好。

图 4 - 26 给出了 Pareto 最优前沿随进化代数的变化过程，可见在进化过程中获得的 Pareto 最优前沿不断收敛，且分布均匀，保持了解的多样性。收敛后的 Pareto 最优前沿为非凸形状，传统的加权法是将目标函数进行线性组合，采用该方法只能得到 Pareto 最优前沿两端的解，大部分的 Pareto 最优解将无法获得。

4.7.3　小结

根据模态试验信息中多目标的特点，提出了基于 Pareto 最优的模型修正方法，取得了较好的效果，可以得出以下结论：

1）制定的算法保证了 Pareto 最优前沿在进化中不断收敛，且分布均匀，较好地保持了解的多样性。

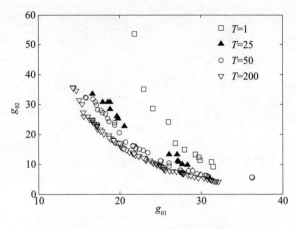

图 4 - 26　Pareto 最优前沿收敛过程

2）设计的目标函数 Pareto 最优前沿为非凸形状，因此对于类似的模型修正问题，采用本节设计的优化算法要显著优于传统的加权法。

3）由于模态试验结果中的参数较多，目标函数也较多，为提高收敛速度，本方法将目标函数进行合并，其中仍采用加权的思想，其中加权系数对计算结果的影响有待进一步研究。

4.8　基于相似结构的模型修正方法

在没有模态试验的条件下，往往根据导弹的初始设计参数和设计者的经验进行全弹动特性预示，即采用有限元方法建立全弹动特性分析模型，对具有开口和弱连接方式的舱段所在单元的刚度进行修正，从而获得全弹动特性预示结果，这种方法具有操作简便的特点，但要获得较高的预示精度，对设计者的经验要求较高。

历经多年研制的系列型号，往往积累了丰富的全弹模态试验数据，对于新研制的相似型号，这些数据具有重要的参考价值。因此，探索如何从参考型号的历史试验数据中提取有价值的相似信息，并将这些信息用于新研制相似型号的动特性预示，具有十分重要的意义。

导弹全弹动力学建模一般采用梁单元，单元的刚度矩阵取决于梁单元的结构刚度参数，其中梁单元的等效壁厚和弹性模量是决定梁刚度的主要因素。由于实际结构的复杂性，很难直接把握实际结构的刚度分布，由此得出的全弹动特性预示结果往往与试验结果偏差较大，因此，需要对结构动特性模型进行修正。通过模型修正可以得到修正后的计算模型，其动特性计算结果与试验结果相差较小，可以认为把握了结构的刚度分布。

将修正后模型的梁单元等效壁厚、弹性模量和修正前粗估的等效壁厚、弹性模量相比，可以得到结构刚度参数的修正系数。对于连接方式和结构形式不变的新的相似型号，可以借鉴这些修正系数，从而达到以较高的精度预示新型号结构动特性的目的。

4.8.1　修正方法

4.8.1.1　参考型号模型修正

结合参考型号的历史模态试验数据，建立参考型号的动特性分析模型，对模型进行修正，获得参考型号的结构刚度修正系数。

设选定的用于修正的结构参数，如单元的弹性模量和等效壁厚等构成的向量 x 为

$$x = [x_1 \cdots x_i \cdots x_n]^\mathrm{T} \tag{4-48}$$

下标 n 表示选取的修正参数的个数。设经过修正后的模型的弹性模量和等效壁厚构成的向量 x' 为

$$x' = [x'_1 \cdots x'_i \cdots x'_n]^\mathrm{T} \tag{4-49}$$

将修正后的结构参数向量 x' 的每个元素除以修正前的结构参数向量 x，可得结构参数修正系数向量 η 为

$$\eta = [\eta_1 \cdots \eta_i \cdots \eta_n]^\mathrm{T} \tag{4-50}$$

式中

$$\eta_i = x'_i / x_i \tag{4-51}$$

4.8.1.2　相似型号结构动特性建模

设相似型号的修正前粗估的等效壁厚和弹性模量构成的向量 $\boldsymbol{y}$ 为

$$\boldsymbol{y} = [y_1 \cdots y_i \cdots y_n]^{\mathrm{T}} \tag{4-52}$$

则由参考型号结构刚度参数的修正系数向量可得用于相似型号动特性预示的弹性模量和等效壁厚构成的向量 $\boldsymbol{y}'$，计算方法如下

$$\boldsymbol{y}' = [y'_1 \cdots y'_i \cdots y'_n]^{\mathrm{T}} = \mathrm{diag}(\boldsymbol{\eta})\boldsymbol{y} \tag{4-53}$$

得到 $\boldsymbol{y}'$ 后就可以计算单元刚度矩阵和质量矩阵，并将单元刚度矩阵和质量矩阵组装成总体刚度矩阵和总体质量矩阵，从而可以预示新的相似型号的动特性。

4.8.1.3　算法

制定算法流程如图 4-27 所示。

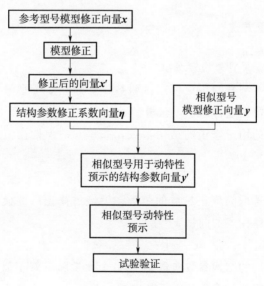

图 4-27　算法流程图

4.8.2　算例

根据参考型号的初始参数，建立有限元模型，共 44 个节点，根据试验结果对有限元模型进行修正，采用基于遗传算法的变截面梁模型修正算法，计算时对设计参数进行实数编码，遗传算法的参数设置为：群体大小 $M=38$，终止代数 $T=500$，交叉概率 $p_c=0.9$，变异概率 $p_m=0.1$。修正后的模型动特性计算结果如图 4-28 和表 4-11 所示。

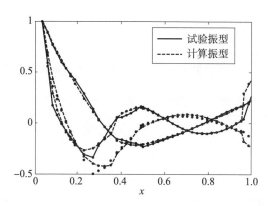

图 4-28　参考型号模型修正后的前三阶振型与试验结果对比

表 4-11　参考模型修正后频率计算结果与试验值对比

阶次	试验结果/Hz	计算结果/Hz	相对偏差/（%）
1	14.68	14.71	0.2
2	47.44	46.58	−1.8
3	60.96	62.71	2.9

由图 4-28 和表 4-11 可见，通过模型修正，参考型号有限元模型修正后的动特性计算结果无论是频率还是振型都与试验结果符合得很好。

根据相似型号结构初始参数和参考型号结构刚度参数的修正系数，建立相似型号有限元模型，共有 38 个节点，其动特性预示结果如图 4 - 29 和表 4 - 12 所示。

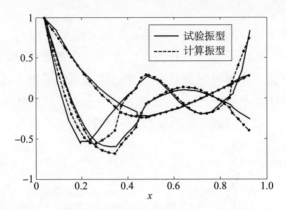

图 4 - 29　相似型号前三阶振型预示结果与试验结果对比

表 4 - 12　相似型号频率预示结果与试验结果对比

阶次	试验结果/Hz	计算结果/Hz	相对偏差/（％）
1	24.12	21.50	−10.86
2	59.04	65.40	10.77
3	87.96	95.76	8.87

由图 4 - 29 和表 4 - 12 可知，采用本方法预示的前三阶频率与试验结果相比最大偏差不超过 11％，振型与试验结果相近，说明本方法具有较好的预示效果。

4.8.3　小结

根据参考型号进行模型修正，提取了参考型号结构刚度参数的修正因子，并将这些修正因子应用于相似型号结构动特性预示，试验验证结果表明，采用本方法预示的相似型号频率和振型与试验结果相近。然而，影响预示精度的因素仍然较多，在进行模型修正时选择了存在开口和弱连接方式的舱段所在梁的壁厚和弹性模量作为修正参数，因此修正参数选取方式差异的影响需要进一步研究。

4.9 结语

通过不同模型修正算法的对比可知：

1）基于灵敏度算法的模型修正方法收敛速度较快，但是模型修正结果对初值的依赖比较严重，全局搜索性较差，适用于模型误差较小的情况。

2）采用单目标函数的遗传算法和单纯形算法的模型修正方法全局搜索性较好，对多目标优化问题的处理能力较强，但计算量较大，修正的效果容易受目标函数加权系数的影响。

3）基于 Pareto 最优的模型修正方法，采用了 MOEA 的思想，进一步提高了算法的全局搜索性，对多目标优化问题的处理能力更强，但计算量更大，收敛速度变慢，可将这类方法与灵敏度修正方法结合，在保证全局搜索性的同时，提高收敛速度。

4）基于相似结构的模型修正方法充分挖掘了历史试验数据，通过模型修正，为全弹动特性预示提供了新的思路。

参 考 文 献

［1］ BERMAN A. Mass matrix correction using an incomplete set of measured modes ［J］. AIAA journal，1979，17 (10)：1147–1148.

［2］ 向锦武，周传荣，张阿舟. 基于建模误差位置识别的有限元模型修正方法 ［J］. 振动工程学报，1997，10 (1)：1–7.

［3］ 李书，书家寿，任青文. 动力模型总体修正的近似解析解 ［J］. 力学与实践，1998，20 (2)：37–39.

［4］ FOX R L，KAPPOR M P. Rates of change of eigenvalues and eigenvectors ［J］. AIAA Journal，1968，6 (12)：2426–2429.

［5］ 费庆国. 结构动态有限元模型修正技术若干关键问题研究 ［D］. 南京：南京航空航天大学，2004.

［6］ 夏品奇，JAMES M W Brownjohn. 斜拉桥有限元建模与模型修正 ［J］. 振动工程学报，2003，6：219–223

［7］ 张启伟. 基于环境振动测量值的悬索桥结构动力模型修正 ［J］. 振动工程学报，2002，15 (1)：74–78.

［8］ 张连振，黄侨. 基于优化设计理论桥梁有限元模型修正 ［J］. 哈尔滨工业大学学报，2008，40 (2)：246–249.

［9］ 齐丕骞，张凌霞. 基于灵敏度分析的结构动力模型修改 ［J］. 航空学报，1992，13 (9)：472–475.

［10］ 唐明裴，阎贵平. 结构灵敏度分析及计算方法概述 ［J］. 中国铁道科学，2003，24 (1)：74–79.

［11］ 温华兵，王国治. 基于频响函数灵敏度分析的鱼雷模型有限元模型修正 ［J］. 鱼雷技术，2006，14 (3)：10–13.

［12］ 何坚勇. 最优化方法 ［M］. 北京：清华大学出版社，2007.

［13］ 谢政，李建平，陈挚. 非线性最优化理论与方法 ［M］. 北京：高等教育出版社，2010.

［14］ 李春生，向锦武，罗漳平. 基于预处理共轭梯度算法的有限元模型修正方法 ［J］. 飞机设计，2010，30 (5)：12–15.

［15］ 周明，孙树栋. 遗传算法原理及应用 ［M］. 北京：国防工业出版社，1999.

[16] 胡海昌 . 弹性力学的变分原理及其应用 [M] . 北京：科学出版社，1981.

[17] 杨智春，王乐，李斌等 . 结构动力学有限元模型修正的目标函数及算法 [J] . 应用力学学报，2009，26（2）：288-296.

[18] 孙文瑜，徐成贤，朱德通 . 最优化方法 [M] . 北京：高等教育出版社，2010.

[19] 崔逊学 . 多目标进化算法及其应用 [M] . 北京：国防工业出版社，2006.

[20] DEB K，PRATAP A，AGARWAL S. A fast and elitist multi‐objective Genetic Algorithm：NSGA‐II [J]. IEEE Transactions on Evolutionary Computation，2002，6（2）：182-197.

第 5 章 全弹弹性设计模型

5.1 概述

全弹弹性设计模型包括弹性振动运动方程的建立和起飞/分离初始值的确定，是导弹动力学特性分析、导弹动载荷分析和姿控设计的重要基础。

导弹飞行过程中除了随质心沿空间三个方向的运动，还有绕质心的俯仰、偏航和滚转方向的姿态运动。控制系统通过惯组或平台敏感到导弹姿态角偏差，然后通过姿控网络运算后给伺服系统发出指令，随后伺服系统通过作动器对导弹姿态进行纠正，保证导弹按照预定弹道和姿态正常飞行。因为导弹的姿态运动除了包含导弹的刚体姿态转动，也包含导弹绕本身刚性轴的弹性运动，所以姿控设计需要考虑全弹弹性运动。以导弹飞行俯仰通道为例，导弹绕刚体轴转动产生的攻角为 α，由于弹体的弹性变形也会产生一个附加攻角，大小为振型斜率和广义位移的乘积 $\sum\limits_{i=1}^{\infty} w'_i(x)q_i$，见图 5-1。

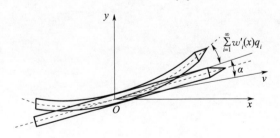

图 5-1 弹性变形引起的局部攻角

　　为了定量地研究全弹在气动力、惯性力、操纵力、发动机推力、风干扰等作用下的弹性运动及其对姿态控制的影响，需要建立全弹弹性动力学模型。全弹弹性运动方程的建立是全弹弹性稳定性设计中最重要的环节，通常可以采用达朗贝尔原理的直接平衡法、虚位移原理或变分法等方法得到。考虑到导弹是不规则的细长连续体，往往需要把导弹离散为有限自由度的梁-集中质量系统，最终可以把弹性振动方程写为多自由度系统受迫振动微分方程的形式。

　　弹性振动方程中的阻尼、频率、振型、振型斜率和模态质量等固有特性参数可以在全弹弹性振动试验的基础上通过导弹弹性模型修正和模态分析获取。弹性振动方程中的各项广义力由运动方程式系数确定，而运动方程式系数可以根据气动参数、弹道参数、控制机构质量特性、模态参数等计算得到。确定了模态参数和运动方程式系数，导弹的弹性振动方程就建立起来了。

　　为了对弹性振动方程进行求解，还需要确定弹性振动微分方程初值条件，即起飞/分离初始值。导弹起飞瞬间需要求解考虑竖立风载引起的弹性振动初始广义位移，导弹分离后起控时刻需要求解考虑分离前导弹在外干扰下的弹性振动初始广义位移，上述起飞或分离时刻的初值条件即为起飞初始值和分离初始值。

　　本章将介绍弹性振动微分方程、运动方程式系数和起飞/分离初始值的推导和计算。

5.2　弹性振动运动方程

　　导弹的弹性振动分为横向（俯仰、偏航）振动、扭转振动和纵向振动。一般姿控设计只考虑导弹的横向弹性振动和扭转弹性振动特性，不考虑纵向动力学特性。下面分别给出导弹的横向和扭转弹性振动方程的建立过程。

5.2.1　横向弹性振动方程

　　导弹为细长体结构，因此在进行横向振动方程推导时，可以将导弹的横向振动简化成一根变截面梁的有阻尼弯曲受迫振动问题[1-2]。全弹弹性振动坐标系约定如图5-2所示，其中 O 为导弹理论顶点。以 xOy 平面为例，图5-3（a）为梁在受外力情况下的弯曲变形示意图，图5-3（b）为截取一段梁微元的受力情况，其中 $f(x,t)$ 为单位长度的外力，$M_z(x,t)$ 为弯矩，$Q(x,t)$ 为剪力。

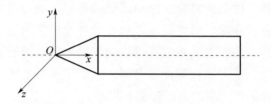

图5-2　全弹弹性振动坐标系

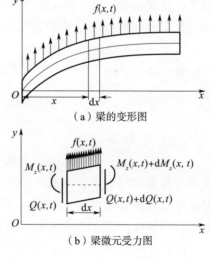

（a）梁的变形图

（b）梁微元受力图

图5-3　导弹横向弹性变形

梁在弹性运动过程中会产生惯性力，大小为

$$\rho A(x)\mathrm{d}x \frac{\partial^2 y(x,t)}{\partial t^2} \tag{5-1}$$

式中　$A(x)$——x 处横截面积；

　　　$y(x,t)$——梁在 t 时刻 x 处的位移。

梁微元沿 y 方向力的平衡方程为

$$-(Q+\mathrm{d}Q)+f(x,t)\mathrm{d}x+Q = m(x)\mathrm{d}x \frac{\partial^2 y(x,t)}{\partial t^2} \tag{5-2}$$

式中　m——质量线密度。

微元中各力对 O 点取矩，可以得到力矩平衡方程

$$(M_z+\mathrm{d}M_z)-(Q+\mathrm{d}Q)\mathrm{d}x+f(x,t)\mathrm{d}x\frac{\mathrm{d}x}{2}-M_z = 0 \tag{5-3}$$

式中

$$\mathrm{d}Q = \frac{\partial Q}{\partial x}\mathrm{d}x , \mathrm{d}M_z = \frac{\partial M_z}{\partial x}\mathrm{d}x$$

忽略含 $\mathrm{d}x$ 的高阶项，那么式（5-2）和式（5-3）可以重新写为

$$-\frac{\partial Q(x,t)}{\partial x}+f(x,t) = m(x) \frac{\partial^2 y(x,t)}{\partial t^2} \tag{5-4}$$

$$\frac{\partial M_z(x,t)}{\partial x}-Q(x,t) = 0 \tag{5-5}$$

利用式（5-5）的关系，式（5-4）可以写为

$$-\frac{\partial^2 M_z(x,t)}{\partial x^2}+f(x,t) = m(x) \frac{\partial^2 y(x,t)}{\partial t^2} \tag{5-6}$$

由梁弯曲的 Euler-Bernoulli 理论，弯矩和挠度的关系为

$$M_z(x,t) = E(x)I_z(x) \frac{\partial^2 y(x,t)}{\partial x^2} \tag{5-7}$$

式中　E——弹性模量；

　　　$I_z(x)$——梁横截面对 z 轴的惯性矩。

将式（5-7）代入式（5-6），得到变截面梁横向强迫振动微分方程

$$\frac{\partial^2}{\partial x^2}\left(E(x)I_z(x)\frac{\partial^2 y(x,t)}{\partial x^2}\right)+m(x)\frac{\partial^2 y(x,t)}{\partial t^2}=f(x,t)$$

$$(5-8)$$

5.2.1.1 自由振动方程求解

式（5-8）中令 $f(x,t)=0$，即可以得到弹性自由振动方程

$$\frac{\partial^2}{\partial x^2}\left(E(x)I_z(x)\frac{\partial^2 y(x,t)}{\partial x^2}\right)+m(x)\frac{\partial^2 y(x,t)}{\partial t^2}=0 \quad (5-9)$$

利用分离变量法对上述方程进行求解，即令

$$y(x,t)=w(x)q(t) \quad\quad (5-10)$$

将式（5-10）代入式（5-9），经整理得到

$$\frac{\dfrac{\partial^2}{\partial x^2}\left(E(x)I_z(x)\dfrac{\mathrm{d}^2 w(x)}{\mathrm{d}x^2}\right)}{m(x)w(x)}=-\frac{\dfrac{\mathrm{d}^2 q(t)}{\mathrm{d}t^2}}{q(t)}=\omega^2 \quad (5-11)$$

上式可以表示为两个方程

$$\frac{\partial^2}{\partial x^2}\left(E(x)I_z(x)\frac{\mathrm{d}^2 w(x)}{\mathrm{d}x^2}\right)-\omega^2 m(x)w(x)=0 \quad (5-12)$$

$$\frac{\mathrm{d}^2 q(t)}{\mathrm{d}t^2}+\omega^2 q(t)=0 \quad\quad (5-13)$$

式中　$w(x)$——弹性振动振型函数；

　　　$q(t)$——弹性振动的广义坐标；

　　　ω——弹性振动固有频率。

导弹飞行状态下为自由-自由边界，此时求解式（5-12）和式（5-13），可以得到解

$$y(x,t)=\sum_{i=1}^{\infty}w_i(x)q_i(t) \quad\quad (5-14)$$

可见，导弹横向自由振动变形可以表示为各阶振型的线性叠加。

5.2.1.2 弹性强迫振动方程求解

如前所述，弹性强迫振动方程由式（5-8）确定，把自由振动的解式（5-14）代入到式（5-8），可以得到

$$\sum_{i=1}^{\infty} \frac{\partial^2}{\partial x^2}\left(E(x)I_z(x)\frac{\mathrm{d}^2 w_i(x)}{\mathrm{d}x^2}\right)q_i(t) + \sum_{i=1}^{\infty} m(x)w_i(x)\frac{\mathrm{d}^2 q_i(t)}{\mathrm{d}t^2} = f(x,t)$$

$$(5-15)$$

将上式两边乘以 $w_j(x)$ 以后沿全弹积分，得到

$$\sum_{i=1}^{\infty}\int_{l_k} w_j(x)\frac{\partial^2}{\partial x^2}\left(E(x)I_z(x)\frac{\mathrm{d}^2 w_i(x)}{\mathrm{d}x^2}\right)q_i(t)\mathrm{d}x +$$

$$\sum_{i=1}^{\infty}\int_{l_k} w_j(x)m(x)w_i(x)\mathrm{d}x\frac{\mathrm{d}^2 q_i(t)}{\mathrm{d}t^2} = \int_{l_k} w_j(x)f(x,t)\mathrm{d}x$$

$$(5-16)$$

假定已经求出各阶振型 $w_i(x)$、频率 ω_i，代入到式（5-12），然后将等式两边乘以 $w_j(x)$ 并沿全弹积分可以得到

$$\int_{l_k} w_j(x)\frac{\partial^2}{\partial x^2}\left(E(x)I_z(x)\frac{\mathrm{d}^2 w(x)}{\mathrm{d}x^2}\right)\mathrm{d}x = \omega_i^2\int_{l_k} w_j(x)m(x)w_i(x)\mathrm{d}x$$

$$(5-17)$$

将式（5-17）代入式（5-16），得到

$$\sum_{i=1}^{\infty}\omega_i^2 q_i(t)\int_{l_k} w_j(x)m(x)w_i(x)\mathrm{d}x +$$

$$\sum_{i=1}^{\infty}\int_{l_k} w_j(x)m(x)w_i(x)\mathrm{d}x\frac{\mathrm{d}^2 q_i(t)}{\mathrm{d}t^2} = \int_{l_k} w_j(x)f(x,t)\mathrm{d}x$$

$$(5-18)$$

由各阶振型的正交性可知

$$\int_{l_k} w_j(x)m(x)w_i(x)\mathrm{d}x = \begin{cases} M_i & (i=j) \\ 0 & (i \neq j) \end{cases} \qquad (5-19)$$

式中　　M_i——第 i 阶模态质量。

由式（5-18）和式（5-19），得到全弹弹性受迫振动方程或弹性振动方程

$$\frac{\mathrm{d}^2}{\mathrm{d}t^2}q_i(t) + \omega_i^2 q_i(t) = F_i/M_i \qquad (5-20)$$

式中第 i 阶模态质量和广义力分别为

$$M_i = \int_{l_k} m(x) w_i^2(x) \mathrm{d}x \tag{5-21}$$

$$F_i = \int_{l_k} f(x,t) w_i(x) \mathrm{d}x \tag{5-22}$$

5.2.1.3　广义力的计算

如前所述，根据导弹法向力的分布密度函数 $f(x,t)$ ，由式（5-22）沿导弹轴向积分可以得到广义力 F_i 。对于导弹角振动和攻角变化产生的气动广义力计算如下

$$F_{i\dot{\varphi}} = 57.3 \int \left[\frac{\partial C_{nn}^{\alpha}(x)}{\partial x} q S_{\mathrm{ref}} w_i(x)(x - x_T)/v \right] \mathrm{d}x \Delta\dot{\varphi}$$

$$= -\frac{57.3 q S_{\mathrm{ref}}}{v} \sum_{n=1}^{S} C_{nn}^{\alpha}(x_n) w_i(x_n)(x_T - x_n) \Delta\dot{\varphi}$$

$$\tag{5-23}$$

$$F_{i\alpha} = 57.3 \int \frac{\partial C_{nn}^{\alpha}(x)}{\partial x} q S_{\mathrm{ref}} w_i(x) \mathrm{d}x \Delta\alpha \tag{5-24}$$

$$= 57.3 q S_{\mathrm{ref}} \sum_{n=1}^{S} C_{nn}^{\alpha}(x_n) w_i(x_n) \Delta\alpha$$

式中　　$C_{nn}^{\alpha}(x)$ ——法向力系数导数，单位为 1/ （°）；

S ——导弹质量分站的总站数；

v ——飞行速度

$\Delta\alpha$ ——梁弯曲引起的附加攻角；

$\Delta\dot{\varphi}$ ——梁弯曲引起的附加俯仰角速度。

操纵机构作用在导弹上的控制力和惯性力为集中力，广义力计算如下

$$F_{i\delta} = n_{\varphi} [P w_i(x_R) + m_R A_{x1} l_R w'_i(x_R)] \Delta\delta \tag{5-25}$$

$$F_{i\ddot{\delta}} = n_{\varphi} [m_R l_R w_i(x_R) + J_R w'_i(x_R)] \Delta\ddot{\delta} \tag{5-26}$$

式中　　n_{φ} ——操纵机构的等效个数（舵"十"字形布局为 2，"X"形布局为 $2\sqrt{2}$ ，对单一喷管为 1）；

x_R ——控制机构作用点沿导弹轴向的坐标；

m_R ——单个操纵机构可动部分的质量；

A_{x1} ——轴向视加速度；

l_R ——操纵机构质心距摆心的距离；

$w'_i(x_R)$ ——控制机构作用点处的振型斜率；

$\Delta\delta$ ——舵偏；

J_R ——单个操纵机构的转动惯量；

P ——单个操纵机构的控制力，对于燃气舵、空气舵 $P = 57.3P_R$ ；

P_R ——单个舵面产生的升力随舵偏的导数，单位为 N/（°）；对于可动喷管，$P = \partial\,(P_c\sin\Delta\delta)/\partial\,(\Delta\delta) = P_c\cos\Delta\delta$，$P_c$ 为单个喷管的推力，当 $\Delta\delta$ 较小时 $P = P_c$ 。

5.2.1.4　弹性振动方程

根据强迫振动方程式（5 - 20）和广义力的计算式（5 - 23）～式（5 - 26），可以得到导弹的弹性振动方程[3-4]

$$
\begin{aligned}
\ddot{q}_i + 2\xi_i\omega_i\dot{q}_i + \omega_i^2 q_i &= (F_{i\ddot{\varphi}} + F_{i\alpha} + F_{i\delta} + F_{i\ddot{\delta}})/M_i \\
&= -\frac{57.3qS_{\text{ref}}}{M_i v}\sum_{n=1}^{S}C_m^\alpha(x)w_i(x_n)(x_T - x_n)\Delta\dot{\varphi} + \\
&\quad \frac{57.3qS_{\text{ref}}}{M_i}\sum_{n=1}^{S}C_m^\alpha(x_n)w_i(x_n)\Delta\alpha + \\
&\quad \frac{n_\varphi}{M_i}[Pw_i(x_R) + m_R A_{x1}l_R w'_i(x_R)]\Delta\delta + \\
&\quad \frac{n_\varphi}{M_i}[m_R l_R w_i(x_R) + J_R w'_i(x_R)]\Delta\ddot{\delta}
\end{aligned}
$$

$$(5 - 27)$$

令式中方程右端的运动方程式系数为

$$D_{1i} = -\frac{57.3qS_{\text{ref}}}{M_i v}\sum_{n=1}^{S}C_m^\alpha(x)w_i(x_n)(x_T - x_n) \qquad (5 - 28)$$

$$D_{2i} = \frac{57.3qS_{\text{ref}}}{M_i}\sum_{n=1}^{S}C_m^\alpha(x_n)w_i(x_n) \qquad (5 - 29)$$

$$D_{3i} = \frac{n_\varphi}{M_i}[Pw_i(x_R) + m_R A_{x1}l_R w'_i(x_R)] \qquad (5 - 30)$$

$$D_{3i}^{''} = \frac{n_\varphi}{M_i}[m_R l_R w_i(x_R) + J_R w'_i(x_R)] \qquad (5 - 31)$$

那么式（5 - 27）可以写为

$$\ddot{q}_i + 2\xi_i\omega_i\dot{q}_i + \omega_i^2 q_i = (F_{i\dot\varphi} + F_{i\alpha} + F_{i\delta} + F_{i\ddot\delta})/M_i$$

$$= D_{1i}\Delta\dot\varphi + D_{2i}\Delta\alpha + D_{3i}\Delta\delta + D''_{3i}\Delta\ddot\delta$$

$$(5 - 32)$$

5.2.2　扭转弹性振动方程

对于大型导弹或火箭，在进行弹性设计时也需要考虑扭转弹性振动。

与横向振动方程的推导过程类似，通过对弹体微段列出扭转方向力及力矩的平衡方程，结合广义力的求解，可以得到滚转弹性运动方程如下

$$\ddot{q}_i + 2\xi_i\omega_i\dot{q} + \omega_i^2 q_i =$$

$$D_{\gamma 1i}\dot\gamma + D_{\gamma 2\alpha i}(\alpha + \alpha_w) + D_{\gamma 2\beta i}(\beta + \beta_w) + D_{\gamma 3i}\delta_\gamma + D''_{\gamma 3i}\ddot\delta_\gamma$$

$$(5 - 33)$$

方程右端的运动方程式系数为

$$D_{\gamma 1i} = \frac{57.3}{\bar{J}_i v}\int \frac{\partial C_{lt}(x)}{\partial x} q S_{\mathrm{ref}} l_k^2 w_i(x)\mathrm{d}x$$

$$(5 - 34)$$

$$= \frac{q S_{\mathrm{ref}} l_k^2}{\bar{J}_i v}\sum_n^S C_{lt}(x_n) w_i(x_n)$$

$$D_{\gamma 2\alpha i} = \pm\frac{57.3}{\bar{J}_i}\int \frac{\partial C_{mn}^\alpha(x)}{\partial x} q S_{\mathrm{ref}} w_i(x)\Delta Z(x)\mathrm{d}x$$

$$(5 - 35)$$

$$= \pm\frac{q S_{\mathrm{ref}}}{\bar{J}_i}\sum_n^S C_{mn}^\alpha(x_n) w_i(x_n)\Delta Z(x_n)$$

$$D_{\gamma 2\beta i} = \pm\frac{57.3}{\bar{J}_i}\int \frac{\partial C_{zn}^\beta(x)}{\partial x} q S_{\mathrm{ref}} w_i(x)\Delta Y(x)\mathrm{d}x$$

$$(5 - 36)$$

$$= \pm\frac{q S_{\mathrm{ref}}}{\bar{J}_i}\sum_n^S C_{zn}^\alpha(x_n) w_i(x_n)\Delta Y(x_n)$$

$$D_{\gamma 3i} = \frac{1}{\bar{J}_i} w(x_R) 4PR_c \qquad (5-37)$$

$$D_{\gamma 3i}^{''} = \frac{1}{\bar{J}_i} w(x_R) 4m_R l_R R_r \qquad (5-38)$$

式中　$\bar{J}_i = \int J(x) w_i^2(x) \mathrm{d}x$ ——广义转动惯量；

$C_{lt}(x)$ ——分布阻尼系数；

C_{zn}^{β} ——偏航方向的法向力系数导数；

l_k ——参考长度；

ΔZ ——质心 Z 向横移；

ΔY ——质心 Y 向横移；

R_c ——操纵力作用点距离弹体纵轴的距离；

R_r ——操纵机构质心距离弹体纵轴的距离。

5.3　起飞及分离初始值

由于风的作用，导弹在起飞前会在风激载荷条件下产生晃动和弹性变形。起飞瞬间，由于导弹底端约束的释放会产生在某一平衡位置的自由-自由弹性振动。类似的，由于级间分离或头体分离，上面级在外界干扰下也会产生初始的弹性振动。因此，弹性运动方程 $(5-32)$ 的广义坐标 $q_i(t)$ 在起飞或分离时刻的初值需要确定，作为姿控设计的初始条件。

对于战术导弹，由于起飞、分离时刻的滚转干扰较小，一般只提供起飞、分离的横向振动初始值。

5.3.1　起飞初始值

5.3.1.1　振动广义坐标

由于地面风激起弹体的弹性变形，在起飞前一瞬间导弹的姿态并不在理论铅垂线上[3]，见图 5-4。起飞释放后，导弹会在初始变形下产生弹性振动，因此进行飞行姿态稳定分析时需要考虑这一因素。

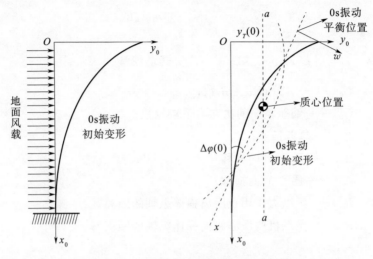

图 5 - 4　导弹起飞瞬间弹性振动示意图

由图 5 - 4 可知，由于初始变形，导弹飞行的初始条件为

$$y_0(x_0) = y_T(0) + \Delta\varphi(0)l(x) + \sum_{i=1}^{\infty} w_i(x)q_i(0) \qquad (5-39)$$

式中　$w_i(x)$，$i = 1,2,\cdots,\infty$——起飞零秒导弹各阶振动的振型；

　　　$y_0(x_0)$——x_0 处的初始位移；

　　　$y_T(0)$——起飞时质心处的初始位移；

　　　$\Delta\varphi(0)$——起飞时振动中心线绕质心转过的角度；

　　　$l(x)$——x 处到质心的距离；

　　　$q_i(0)$——起飞初始振动广义坐标值。

考虑无阻尼弹体弹性振动方程

$$\ddot{q}_i(t) + \omega_i^2 q_i(t) = F_i/M_i \qquad (5-40)$$

求解得到

$$q_i(t) = A_i\sin\omega_i t + B_i\cos\omega_i t + F_i/M_i\omega_i^2 \qquad (5-41)$$

由于零秒弹体运动速度为零，即 $\dot{q}_i(0) = 0$，代入式（5 - 41）

可得 $A_i = 0$，因此

$$q_i(t) = B_i\cos\omega_i t + F_i/M_i\omega_i{}^2 \qquad (5-42)$$

因此，$q_i(0) = B_i + F_i/M_i\omega_i{}^2$，即 $B_i = q_i(0) - F_i/M_i\omega_i{}^2$，那么

$$q_i = q_i(0)\cos\omega_i t + \frac{F_i}{M_i\omega_i{}^2}(1 - \cos\omega_i t) \qquad (5-43)$$

假设起飞时刻，竖立风载条件下导弹变形最大时的剪力为 Q_0，弯矩为 M_0，根据 Timoshenko 梁理论可知

$$M_0 = EI\frac{\partial\theta}{\partial x} \qquad (5-44)$$

$$Q_0 = \kappa GA\left(\frac{\partial w}{\partial x} - \theta\right) \qquad (5-45)$$

式中　E ——弹性模量；

　　　I ——截面惯性矩；

　　　κ ——Timoshenko 梁截面剪切系数；

　　　G ——剪切模量；

　　　A ——横截面积；

　　　w ——导弹的挠曲变形；

　　　θ ——导弹截面转角。

　　　$\dfrac{\partial w}{\partial x}$ ——梁的中性轴在变形前后的夹角，见图 5-5。

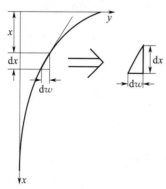

图 5-5　局部挠曲变形图

根据 Timoshenko 梁理论，如果考虑梁的剪切变形，那么梁在承受剪力弯曲后的各个截面与中性轴并不垂直（见图 5-6），并且变形前、后截面转角 θ、$\dfrac{\partial w}{\partial x}$ 与剪切变形 γ 的关系如下

$$\gamma = \frac{\partial w}{\partial x} - \theta \tag{5-46}$$

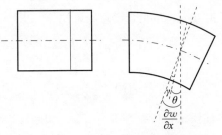

图 5-6　考虑剪切变形的梁的弯曲示意图

考虑到计算采用的自由-自由状态零秒的挠曲变形为竖立状态下挠曲变形的最大值，竖立变形量为

$$w = \sum_{i=1}^{\infty} w_i q_i(0) \tag{5-47}$$

截面转角为

$$\theta = \sum_{i=1}^{\infty} \theta_i q_i(0) \tag{5-48}$$

那么将式（5-48）和式（5-47）分别代入式（5-44）和式（5-45）可以重新写为

$$M_0 = EI \sum_{i=1}^{\infty} \theta'_i(x) q_i(0) \tag{5-49}$$

$$Q_0 = \kappa GA \sum_{i=1}^{\infty} q_i(0) [w'_i(x) - \theta_i(x)] \tag{5-50}$$

根据式（5-49）和式（5-50），并考虑振型的正交性，可以得到

$$\int_0^L [M_0 \theta'_i + Q_0(w'_i - \theta_i)] \, \mathrm{d}x = q_i(0) M_i \omega_i^2 \tag{5-51}$$

因此，起飞初始值为

$$q_i(0) = \frac{\int_0^L [M_0\theta'_i + Q_0(w'_i - \theta_i)]\mathrm{d}x}{M_i\omega_i^2} \quad (5-52)$$

若考虑转动惯量，写出下式

$$\sum_{k=1}^n [m_k w(x_k)w_i(x_k) + I_k\theta(x_k)\theta_i(x_k)] \quad (5-53)$$

将式（5-47）和式（5-48）代入式（5-53），可以得到

$$\sum_{k=1}^n \left[m_k w_i(x_k)\sum_{j=1}^\infty q_j(0)w_j(x_k) + I_k\theta_i(x_k)\sum_{j=1}^\infty q_j(0)\theta_j(x_k) \right]$$

$$(5-54)$$

利用振型的正交性，可以得到

$$\sum_{k=1}^n [m_k w(x_k)w_i(x_k) + I_k\theta(x_k)\theta_i(x_k)] = q_i(0)M_i \quad (5-55)$$

起飞初始值计算公式为

$$q_i(0) = \frac{\sum_{k=1}^n [m_k w(x_k)w_i(x_k) + I_k\theta(x_k)\theta_i(x_k)]}{M_i} \quad (5-56)$$

式中　　m_k——分站质量；

　　　　$w(x_k)$——在地面风作用下导弹的截面位移；

　　　　I_k——分站转动惯量；

　　　　$\theta(x_k)$——竖立状态下的各截面转角；

　　　　$\theta_i(x_k)$——模态转角；

　　　　M_i——模态质量。

5.3.1.2　质心位移

导弹绕过质心的平衡位置自由振动时（见图5-4），振动惯性力是平衡的，那么对于第 i 阶弹性振动，有如下关系式成立

$$\int_0^L m(x)\omega_i^2 w_i(x)q_i(t)\mathrm{d}x = 0 \quad (5-57)$$

所以 $\int_0^L m(x)w_i(x)q_i(0)\mathrm{d}x = 0$，那么各阶自由振动叠加后有

$$\int_0^L m(x) \sum_{i=1}^{\infty} w_i(x) q_i(0) \mathrm{d}x = 0 \qquad (5-58)$$

若振动中心绕质心转动角度 $\Delta\varphi(0)$，即绕 $a - a$ 轴自由振动（见图 5-4），由于振幅变化惯性力在质心两边增加，数值相等符号相反，仍然是平衡的，那么用 $y_0(x) - y_T(0)$ 代替 $\sum_{i=1}^{\infty} w_i(x) q_i(0)$，可以得到

$$\int_0^L m(x) [y_0(x) - y_T(0)] \mathrm{d}x = 0 \qquad (5-59)$$

因此，可以得到导弹质心位移的初始值

$$y_T(0) = \frac{\int_0^L m(x) y_0(x) \mathrm{d}x}{\int_0^L m(x) \mathrm{d}x} = \frac{\sum_{n=1}^{S} m_n y_{0n}}{\sum_{n=1}^{S} m_n} \qquad (5-60)$$

式中　$y_0(x)$ —— x 处的初始位移。

5.3.1.3　轴线转角

导弹绕过质心的平衡位置自由振动时（见图 5-4），振动惯性力矩是平衡的。那么对于第 i 阶弹性振动，惯性力对弹头尖端取矩有如下关系式成立

$$\int_0^L m(x) \omega_i^2 w_i(x) q_i(t) x \mathrm{d}x = 0 \qquad (5-61)$$

所以 $\int_0^L m(x) w_i(x) q_i(0) x \mathrm{d}x = 0$，那么各阶自由振动叠加后有

$$\int_0^L m(x) \sum_{i=1}^{\infty} w_i(x) q_i(0) x \mathrm{d}x = 0 \qquad (5-62)$$

由图 5-4 可知

$$\sum_{i=1}^{\infty} w_i(x) q_i(0) = y_0(x) - y_T(0) - l(x) \Delta\varphi(0) \qquad (5-63)$$

式中　$l(x)$ ——距质心的距离。将上式代入式（5-62），得到

$$\int_0^L m(x) [y_0(x) - y_T(0) - l(x) \Delta\varphi(0)] \mathrm{d}x = 0 \qquad (5-64)$$

因此，可以得到导弹质心转角的初始值

$$\Delta\varphi(0) = \frac{\int_0^L m(x)y_0(x)x\mathrm{d}x - \int_0^L m(x)y_T(x)x\mathrm{d}x}{\int_0^L m(x)l(x)x\mathrm{d}x}$$

$$= \frac{\sum_{n=1}^S m_n y_{0n}x_n - \sum_{n=1}^S m_n y_T(0)x_n}{\sum_{n=1}^S m_n l_n x_n} \tag{5-65}$$

5.3.2　分离初始值

对于多级导弹，分离初始值相当于分离时刻上一级的广义坐标初始值 $q_i(0)$。分离后，上一级弹性振动初始值与起飞初始值计算公式完全相同，见式（5-56），但是剪力 Q_0、弯矩 M_0 需要另外计算。类似于起飞初始值，Q_0、M_0 可以根据分离前的弹性变形计算，也可以根据分离瞬间的广义坐标由下式计算（考虑前 m 阶广义坐标）

$$\begin{cases} M_0 = \sum_{n=1}^m M_n q_n \\ Q_0 = \sum_{n=1}^m Q_n q_n \end{cases} \tag{5-66}$$

式中　　Q_n、M_n——分离前第 n 阶模态剪力和模态弯矩。

分离后，导弹的质心移动 $y_T(0)$ 和轴线转角 $\Delta\varphi(0)$ 计算方法同起飞初始值，分别见式（5-60）和式（6-65）。

参 考 文 献

［1］ 李欣业，张明路．机械振动［M］．北京：清华大学出版社，2009．

［2］ 龙乐豪．总体设计（中）［M］．北京：宇航出版社，1993．

［3］ 赵人濂．火箭的载荷、模态和环境设计原理［M］．北京：中国运载火箭技术研究院，2010．

［4］ 尹云玉．固体火箭载荷设计基础［M］．北京：中国宇航出版社，2007．

第6章　动力学传递特性试验

6.1　概述

　　导弹是无人驾驶的飞行器,由控制系统控制其按照预定弹道或导引律飞行。从国内外的导弹控制系统设计过程看,为了达到有效控制的目的,获得满意的控制效果,弹体结构的弹性必须加以考虑[1-2]。

　　把导弹整体和局部结构看作弹性体时,弹体结构动力学和控制系统的关系可由图6-1表示[1-2]。

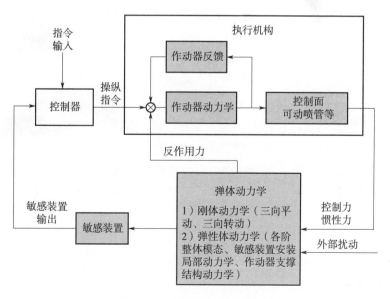

图6-1　控制系统回路框图

1）控制器接受制导等指令输入和弹体结构反馈信号，生成操纵指令作为执行机构的输入信号。

2）作动器根据操纵指令要求驱动控制面（空气舵/燃气舵）、摆动喷管偏转产生控制力，同时产生控制面或喷管的惯性力。为了确保作动器位移满足控制指令要求，一般需要用作动器反馈信号进行伺服闭环控制。

3）控制力作用于弹体上，改变导弹姿态和运动轨迹的同时也激发了弹体弹性模态，同时大的控制面和喷管的惯性反作用力/力矩可以使作动器的安装结构产生负面变形，从而影响执行机构的动力学特性。

4）导弹的运动，无论是刚体运动还是弹性体运动都被敏感装置获取，反馈给控制器，产生下一个节拍的操纵指令。

战术导弹一般采用捷联惯性测量组合、速率陀螺等作为控制系统敏感装置，为了确保其环境适应性，敏感装置往往采取弹性隔振器（减振器），即使不隔振也需要采用支架结构与舱体相连接，所以敏感装置最终敏感到的反馈信号中包含了其安装结构局部的动力学特性。

由上述分析可见，完整的控制系统回路包括控制器、执行机构动力学、弹体动力学和敏感装置小系统动力学，后三个环节的动力学特性数据是设计控制器的输入依据。其中刚体动力学直接通过理论分析即可获得，全弹各阶整体模态通过模态试验获得，其余各环节的动力学特性则一般通过动力学传递特性试验获得。

另外，由于机械连接、间隙、接触面等复杂非线性环节的存在，采用各部件测量的传递特性串联并不一定能全面、正确地描述整个控制系统动力学特性，此时可通过全弹伺服弹性试验进行检验，保证导弹动力学模型数据的完备性和正确性，确保控制系统设计的有效性和姿控稳定性。

6.2　单元传递特性测量试验

　　单元传递特性测量试验主要包括敏感装置小系统和执行机构小系统传递特性测量试验。

　　对于战术导弹，最常用的敏感装置是捷联惯性测量组合（以下简称"惯组"），所以本节以捷联惯组小系统传递特性测量试验为例进行介绍，速率陀螺等其余敏感装置类似，可参照惯组试验。

　　战术导弹中，常见的执行机构有燃气舵操纵机构、空气舵操纵机构和摆动喷管操纵机构。尽管控制力提供设备不同，但传递特性测量试验原理、方法和注意事项大同小异，所以本节以空气舵操纵机构为例进行介绍。

6.2.1　惯组小系统传递特性测量试验

　　惯组小系统一般由捷联惯组、惯组基座和减振器组成，如图 6 - 2 所示，其中左侧为惯组内减振形式，右侧为基座外减振形式。从传递特性组成来说，惯组小系统一般包括机械环节和电气环节，电气环节主要封闭在惯组内部。

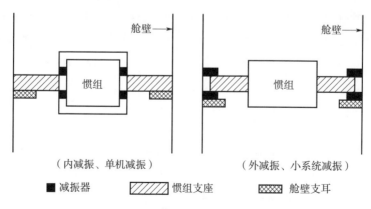

图 6 - 2　惯组小系统示意图

由图 6-2 可见，惯组小系统的动力学问题实际上是惯组或惯组及基座在减振器弹性支撑情况下以舱壁为基础的基础激励动态特性问题，可由式（6-1）表示

$$
\begin{bmatrix} x_s \\ y_s \\ z_s \\ \varphi_s \\ \psi_s \\ \gamma_s \end{bmatrix} = \begin{bmatrix} H_{11} & H_{12} & H_{13} & H_{14} & H_{15} & H_{16} \\ H_{21} & H_{22} & H_{23} & H_{24} & H_{25} & H_{26} \\ H_{31} & H_{32} & H_{33} & H_{34} & H_{35} & H_{36} \\ H_{41} & H_{42} & H_{43} & H_{44} & H_{45} & H_{46} \\ H_{51} & H_{52} & H_{53} & H_{54} & H_{55} & H_{56} \\ H_{61} & H_{62} & H_{63} & H_{64} & H_{65} & H_{66} \end{bmatrix} \begin{bmatrix} x \\ y \\ z \\ r_z \\ r_y \\ r_x \end{bmatrix} \tag{6-1}
$$

式中　$x_s, y_s, z_s, \varphi_s, \psi_s, \gamma_s$——惯组的三方向线振动和三方向角振动输出；

x, y, z, r_z, r_y, r_x——舱壁上惯组支座安装处（即舱壁支耳）三方向线振动和三方向角振动。

获取惯组小系统传递特性就是要得到以壁上惯组支座安装处的六自由运动为输入，惯组的六自由度响应（包括电气环节的响应）为输出的传递关系，即获得 $H_{11}(\omega), \cdots, H_{66}(\omega)$ 等 36 个传递函数。

这 36 个传递函数中 H_{11}, H_{22}, H_{33} 代表舱壁线振动传递到惯组上的放大倍数，小系统减振器的作用就是要减小这三个传递放大倍数，改善惯组的工作环境；H_{44}, H_{55}, H_{66} 代表惯组安装处导弹姿态角（包括刚体与弹性）到惯组实际敏感到的三方向姿态角之间的传递关系，即角传递函数。如果没有减振器，且支座刚度较好，则在一定频带内这三个传递函数的幅值均为 1、相位无滞后，这就是捷联的意义。减振器的存在保证了惯组正常工作，但"破坏"了捷联，惯组敏感到的姿态已不能直接代表弹体真实姿态，所以姿控设计时需要考虑二者之间的关系；非对角项为交联耦合项，如舱壁线振动引起的惯组陀螺的角响应和舱壁角振动引起的惯组线振动输出，这些项对控制和制导都是干扰项，属于不利因素，应当在惯组设计中通过控制质心、减振器弹性中心和安装面几何中心的位置，来避免交联耦合。

6.2.1.1 线振动

线振动的试验目的主要有两方面：一是获取惯组减振系统的减振特性，即 H_{11}，H_{22}，H_{33} ；二是检验线角耦合情况，如果线角耦合严重，则需要调整惯组结构，控制质心偏移量，以和减振器刚度一致性匹配。

常见的单维线振动试验如图 6 - 3 所示，将由支座、惯组和减振器构成的小系统，安装在工装上，工装与振动台的滑台相连，由振动台提供基础激励输入。当然，如果采用多维线振动进行特性测量，则不需要换试件方向，效率更高，但振动台控制、传递求解复杂，所以在工程实际中使用较少。

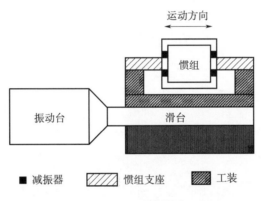

图 6 - 3　惯组小系统线振动示意图

线振动控制点一般设置在工装上惯组支座安装处，工装必须能模拟支座在导弹上的实际安装边界刚度。如工装边界模拟不真实，则应将控制点设置在基座上，试验条件也相应调整。

采用单维振动台进行试验时，基础激励一个方向，但同时测量惯组的三方向线振动和三方向角振动输出。激励方式可以采用正弦扫频，也可采用随机振动。考虑到减振器往往带有较强的非线性特性，所以在条件允许的情况下，采用导弹真实飞行状态量级的随机振动激励较好。

　　获得惯组六个方向时域输出信号后进行频域分析，然后"除以"输入即可得到前文中 $\boldsymbol{H}_{6\times6}(\omega)$ 矩阵的一列传递特性。图 6 - 4 和图 6 - 5 是某惯组小系统在电环节无滤波的情况下，x 向基础激励到惯组 x_s 向和 φ_s 向输出的幅频传递函数，即式（6 - 1）中的 $H_{11}(\omega)$ 和 $H_{41}(\omega)$，均以 0dB 量级固有角频率 ω_0 对频率进行了无量纲化处理。对于 $H_{11}(\omega)$ 的幅频响应，采用了工程中常用的单位——分贝（dB），数值上的关系为 $20\lg(\,|\,H_{11}(\omega)\,|\,)$。可见，不论是线传递特性还是线角耦合传递特性，随着振动输入量级的增加峰值频率前移，峰值放大倍数降低，体现了减振器的刚度和阻尼特性的非线性特征；线传递特性 $H_{11}(\omega)$ 幅频响应曲线整体上与基础激励下单自由度质量—弹簧—阻尼系统传递函数类似。

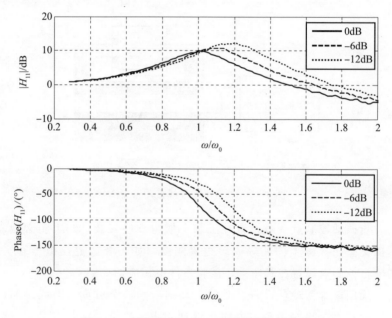

图 6 - 4　某惯组小系统 x_s 向线振动传递特性

6.2.1.2　角振动

　　角振动试验的主要目的也包含两个方面：一是获取惯组小系统

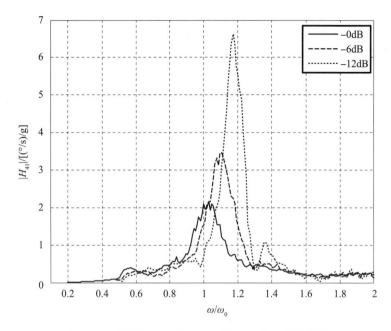

图 6-5　某惯组小系统 x 向加振 φ_s 向输出传递特性

的角振动传递特性，二是考核惯组小系统对角振动环境的适应性。本章只涉及第一个目的。当然，通过角振动试验也可获得角振动引起的线振动耦合关系，但是一般角线耦合引起的线振动响应相对较小，所以工程实际中并不对此过多关注。

在惯组研制阶段，角振动试验可为惯组减振器、滤波器的设计提供依据；在总体验收阶段，此项试验用来考核惯组角传递特性是否满足要求。

（1）试验条件

角振动试验条件的类型分为角加速度条件、角速率条件和角位移条件。目前，角振动试验一般是控制加速度传感器的响应，如果试验条件是角速率或角位移，则需将试验条件转化为加速度试验条件。

另外，由于减振器具有非线性刚度和阻尼，惯组小系统角振动传递特性会随着振动量级、过载、温度等环境因素不同发生变化，因此，一般试验时进行不同振动量级、过载和温度环境下的试验，获得小系统传递特性随各种因素变化规律，然后经过后处理获得飞行状态真实环境下惯组小系统传递特性。

（2）试验设备及方案

角振动试验中产生角加速度基础激励的方案有两种：一是多维振动方案，二是将线振动通过曲柄转化为角振动，试验边界要求与线振动相同。虽然转台也可以产生角振动基础激励，但其可控的频率范围较窄，不能获取宽频的传递特性，所以并不适用于角振动试验。

①多维振动系统方案

多维振动系统方案采用多维振动台和多维控制仪。控制点一般选择在试件安装位置两侧，在试件两侧对称安装 2～4 个加速度传感器。控制加速度传感器的响应，使对称两侧的控制点做反相运动。以 4 点控制为例，如图 6-6 所示，4 个控制点（x_1，x_2，x_3，x_4）的运动谱形相同，x_1 和 x_2 同相运动，而 x_3 和 x_4 相对 x_1 和 x_2 做反相运动，从而产生了绕 y 轴的角振动。同理，x_1 和 x_4 同相运动，而 x_2 和 x_3 相对 x_1 和 x_4 做反相运动，从而产生了绕 z 轴的角振动。

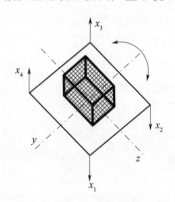

图 6-6　多维振动系统试验方案

②角振动转台方案

角振动转台试验方案采用单维振动台和单维控制仪。如图 6-7 所示，角振动基础激励通过具有固定转轴的工装（激振杆与固定轴空间上垂直，但不共面）将振动台的线振动激励转化为角振动运动。基础激励的角振动采用工装上对称于转轴安装的两个加速度传感器，x_1 和 x_2，输出相减除以两个传感器之间距离的办法测量，见图 6 - 7。根据小角度情况下的几何关系可知

$$\theta(t) = \arctan\left(\frac{x_1(t) - x_2(t)}{l}\right) \approx \frac{x_1(t) - x_2(t)}{l} \cdot \frac{180}{\pi} \quad (6 - 2)$$

式中　θ——基础角振动转角；

　　l——两个线振动加速度控制点的间距。

根据位移与加速度的关系和傅里叶变换的线性性质有

$$\ddot{\theta}(i\omega) = \frac{\ddot{x}_1(i\omega) - \ddot{x}_2(i\omega)}{l} \cdot \frac{180}{\pi} \quad (6 - 3)$$

多维振动试验方案中的线加速度条件到角加速度条件的转化也是相同原理。

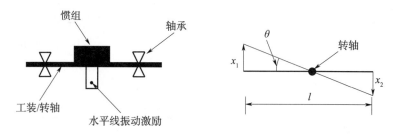

图 6 - 7　惯组小系统角振动示意图

有时为了方便对比试验时的角振动量级与真实飞行过程中的实际角振动量级，需要将角加速度转换为角速度和角位移，三者关系如下

$$\ddot{\theta}(i\omega) = i\omega \cdot \dot{\theta}(i\omega) = -\omega^2 \cdot \theta(i\omega) \quad (6 - 4)$$

角振动转台方案并不是一个纯角激励，激振杆通过曲柄将水平线振动激励转化为角振动的同时也会给工装施加一个线振动。因此，如果惯组小系统"三心"差异比较大时，惯组的角输出将包含基础角振动激励引起的角振动响应和工装附带线激励引起的线角耦合角振动响应，这需要引起注意。如果要解耦，需要提前获得线角耦合

特性，并在角振动转台试验时监测工装上的线振动响应。

（3）试验结果示例

图 6-8 和图 6-9 给出了某惯组小系统角振动幅频传递特性，图 6-8 为纯机械环节传递特性，图 6-9 为机械与电气环节合成的传递特性，均以机械环节的固有角频率 ω_0 对频率进行了无量纲化处理。

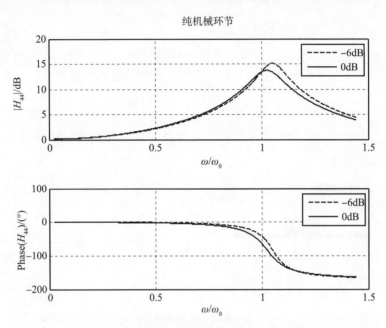

图 6-8　某惯组小系统机械环节角传递特性

从图 6-8 和图 6-9 可见，减振器的非线性特征在角振动传递特性中也有体现，且减振器的引入造成了在减振器与惯组本体构成的弹簧-质量系统频率附近有明显的幅频放大，当然相位也有所滞后，这对姿控不利。因此，采用电路滤波环节，压制了机械环节传递放大，但同时也引起了相位的变化。

6.2.2　执行机构传递特性测量试验

导弹控制系统中另一个重要单元是执行机构，控制器发出的指

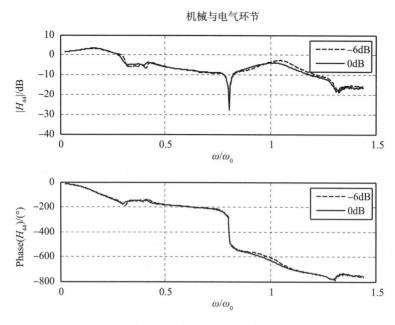

图 6 - 9　某惯组小系统完整的角传递特性

令能不能真正起到控制效果，关键在于执行机构。执行机构一般包括伺服作动器、传动组件和控制力生成设备，如空气舵、燃气舵和摆动喷管等。

　　图 6 - 10 和图 6 - 11 分别是空气舵执行机构和摆动喷管执行机构示意图。无论何种执行机构，其中都包含活动部件间隙、界面接触等复杂动力学因素，另外舵轴的扭转弹性、喷管的弹性、舵轴的支承结构弹性、作动器支承结构的弹性等也会影响执行机构的传递特性，但这些往往难以通过理论建模进行分析，所以需要通过试验进行测量。

　　由于空气舵与燃气舵和摆动喷管执行机构传递特性测量试验原理和方法类似，所以本节以空气舵执行机构为例进行介绍。

6.2.2.1　试验原理

　　执行机构传递特性测试原理框图见图 6 - 12。与惯组小系统不同，执行机构的运动特性通常都是以单自由度方式进行测量的，传

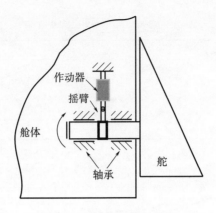

图 6 - 10　空气舵执行机构

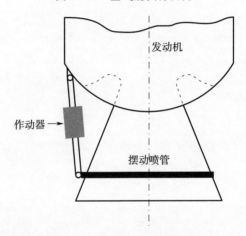

图 6 - 11　摆动喷管执行机构

递矩阵比较简单，但是由于伺服作动器自身是一个闭环反馈回路，另外传动组件和传动路径上存在间隙、摩擦、接触，以及存在操纵机构惯性力的反作用等，执行机构的传递特性是十分复杂的，如图 6 - 13 所示为某空气舵执行机构的传递函数模型，但此模型中未包含间隙和接触非线性因素。

　　根据图 6 - 12，试验采用伺服单元测试设备发送扫频指令驱动空气舵偏转进行激励（惯性力激励），同时提供模拟量指令给测量设备

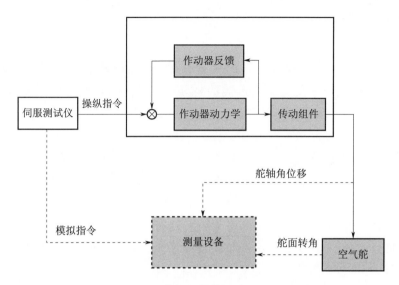

图 6-12　空气舵执行机构传递特性测试原理框图

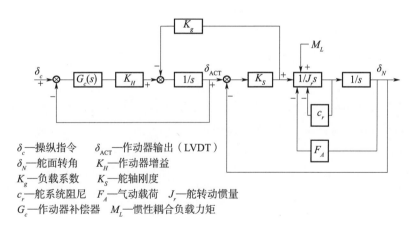

δ_c—操纵指令　　δ_{ACT}—作动器输出（LVDT）

δ_N—舵面转角　　K_H—作动器增益

K_g—负载系数　　K_S—舵轴刚度

c_r—舵系统阻尼　　F_A—气动载荷　J_r—舵转动惯量

G_c—作动器补偿器　M_L—惯性耦合负载力矩

图 6-13　某空气舵执行机构的传递函数模型

采集；作动器按照操纵指令驱动空气舵进行偏转，舵轴转角和舵面的实际偏转角速度信号也输出给测量设备采集，舵轴角位移传感器和舵面实际转角输出之间经过了舵轴这一弹性环节。舵面和舵轴转角振动输出"除以"操纵指令输入即可获得空气舵执行机构的传递特性，即得到图 6 - 13 中的 δ_{ACT}/δ_c 和 δ_N/δ_c。

6.2.2.2　状态要求

对于传递特性测量，产品状态的真实性是极其重要的。真实的状态才能保证获得完备而准确的特性数据，状态控制不满足要求，则特性数据的价值就大打折扣，这也是很多导弹和火箭虽然通过了地面试验考核但飞行控制仍会出现一些意外现象的原因[3]。

执行机构特别是作动器是出力设备，其安装基础和传动组件受载变形情况与各自刚度直接相关，会直接影响执行机构的传递特性。另外，传动路径上的接触、摩擦、间隙等非线性因素，舵轴刚度、舵面刚度、喷管刚度等也都是影响传递特性的敏感因素，所以进行执行机构传递特性测量时舱段、伺服系统、操纵机构等一般均应采用正式状态产品。

6.2.2.3　边界要求

由于执行机构的机械边界由安装基础和操纵机构确定，所以在满足 6.2.2.2 节状态要求的情况下，只需要将安装基础所在舱段按照弹上安装状态进行约束即可。

6.2.2.4　注意事项

1）如前所述，传动路径中非线性环节不可避免地存在，且作动器的动力学特性也往往是非线性的，因此舵面、喷管上的负载和伺服扫频指令幅度一般要采用多个不同量级，以模拟不同飞行状态。

2）对于控制系统，执行机构的幅频传递特性和相频传递特性都很重要，因此输入信号与传递路径上各环节输出信号的测量应具有同时性，以确保相位滞后测量的真实性。

3）对于高超声速飞行器，为了降低防热的压力，空气舵一般厚度较小，因此舵轴直径受限，往往导致扭转刚度较低，舵轴内侧角位移并不能代表舵面实际转角，所以执行机构传递特性测量应在舵面上布置测点。

4）如果舵面较大，可在此试验中同时测量空气舵模态。一方面，如果舵面刚度相对于舵轴较软，则舵面转角不仅与舵轴变形有关，也与舵面变形有关，舵面上不同位置的偏角会有差异，这需要结合模态数据进行建模分析；另一方面，舵面刚度较小时，应进行颤振等气动弹性分析，这也需要空气舵模态数据。

6.2.2.5 典型传递特性示例

图 6-14 是国外某运载火箭一级摆动喷管执行机构的幅频和相频传递特性[2]。可见，低频部分喷管实际转角稍有放大，对指令跟踪良好，相位滞后也较小，而高频部分幅频响应衰减显著，相位滞后也很严重，因此控制系统设计时应考虑让主要工作在低频范围。

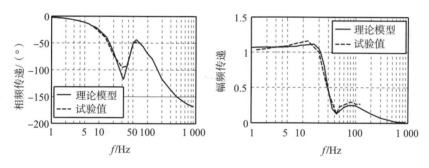

图 6-14 某摆动喷管执行机构传递特性

6.3 机械阻抗测量试验[4]

6.3.1 机械阻抗的定义

机械阻抗定义为产生单位正弦运动响应所需的正弦激振力，根据所选取的运动量可分为位移阻抗（又叫动刚度）、速度阻抗和加速度阻抗（又叫有效质量）三种。机械阻抗是复数，可以写为幅值、相位角的形式，也可写为实部、虚部的形式。多自由度系统的机械阻抗常用矩阵形式表示，阻抗矩阵中的对角元素称为原点阻抗，非对角元素称为跨点阻抗。

机械阻抗可以理解为系统阻碍激励、减小响应的能力，如果所研究的系统为力激励源系统，那么广义机械阻抗将阻碍力激励，并且减小位移响应。机械阻抗是机械系统特性的集中表示，是处理动力学问题的一个重要工具。利用结构机械阻抗可以提供一个非常有用的结构动态特性描述方法。实际上，已知机械阻抗即可确定相对于频率的有效质量和有效刚度。同时，如果点阻抗和系统阻抗已知，则可通过综合手段获得结构的等效描述。

6.3.1.1　单自由度系统

单自由度系统的机械阻抗 Z 定义为简谐力与响应的复数式之比

$$Z = \frac{F}{x} \tag{6-5}$$

它是机械导纳 H 的倒数

$$H = \frac{1}{Z} = \frac{x}{F} \tag{6-6}$$

根据运动量的不同，机械阻抗分为位移阻抗、速度阻抗和加速度阻抗三种，分别定义如下

$$
\begin{aligned}
Z^x &= \frac{F}{x} \quad H^x = \frac{x}{F} \\
Z^v &= \frac{F}{v} \quad H^v = \frac{v}{F} \\
Z^a &= \frac{F}{a} \quad H^a = \frac{a}{F}
\end{aligned}
\tag{6-7}
$$

式中，上标 x，v 和 a 分别代表"位移"、"速度"和"加速度"。

6.3.1.2　多自由度系统

多自由度系统按输入/输出分为以下两种情况。

（1）单点激振多点测量

原点阻抗和导纳

$$Z_{ii} = \frac{F_i}{x_i} \quad H_{ii} = \frac{x_i}{F_i} \tag{6-8}$$

跨点阻抗和导纳

$$Z_{ij} = \frac{F_i}{x_j} \quad H_{ij} = \frac{x_i}{F_j} \tag{6-9}$$

（2）多点激振多点测量

当激振力不止一个时，阻抗和导纳用矩阵形式表示，如果 m 点激振，n 点测量响应，则

$$F = ZX \tag{6-10}$$

也可写成如下形式

$$\begin{bmatrix} F_1 \\ F_2 \\ \vdots \\ F_m \end{bmatrix} = \begin{bmatrix} Z_{11} & Z_{12} & \cdots & Z_{1n} \\ Z_{21} & Z_{22} & \cdots & Z_{2n} \\ & & \vdots & \\ Z_{m1} & Z_{m2} & \cdots & Z_{mn} \end{bmatrix} \begin{bmatrix} x_1 \\ x_2 \\ \vdots \\ x_n \end{bmatrix} \tag{6-11}$$

式中　　Z——阻抗矩阵，其中元素 Z_{ij} 定义为使 j 点产生单位运动量，其余各点运动量为零时，在 i 点所需的作用力。

阻抗矩阵元素难以直接测量，因为它要求系统中只有一点有响应，而导纳矩阵元素（要求只在一点加力）则容易测量，导纳矩阵可写成如下形式

$$\begin{bmatrix} x_1 \\ x_2 \\ \vdots \\ x_n \end{bmatrix} = \begin{bmatrix} H_{11} & H_{12} & \cdots & H_{1m} \\ H_{21} & H_{22} & \cdots & H_{2m} \\ & & \vdots & \\ H_{n1} & H_{n2} & \cdots & H_{nm} \end{bmatrix} \begin{bmatrix} F_1 \\ F_2 \\ \vdots \\ F_m \end{bmatrix} \tag{6-12}$$

导纳矩阵中元素 H_{ij} 的定义为在 j 施加单位力，其余各点都不加激振力，在 i 点产生的运动量。仅在一点加力是容易做到的，因此导纳矩阵比阻抗矩阵要容易测量。对于线性定常系统，单自由度系统的机械阻抗是机械导纳的倒数，多自由度系统的机械阻抗矩阵是机械导纳矩阵的逆，而且是对称矩阵。

6.3.1.3　经典弹簧-质量-阻尼系统的速度阻抗

弹簧-质量-阻尼系统的速度阻抗为

弹簧：$\qquad\qquad Z = \dfrac{K}{j\omega}$

质量：$\qquad\qquad Z = j\omega m$

阻尼：$\qquad\qquad Z = C$

式中　Z——速度阻抗；

　　　K——弹簧刚度；

　　　ω——角频率；

　　　m——质量；

　　　C——粘性阻尼系数；

　　　j——虚数单位 $\sqrt{-1}$ 。

　　一个弹簧-质量-阻尼系统（如图 6-15 所示）的速度阻抗 Z_{11} 为

$$Z_{11} = C + \frac{K}{j\omega} + j\omega m = 2\frac{C}{C_c}\sqrt{Km} + j(\omega m - \frac{K}{\omega}) \quad (6-13)$$

式中　$C_c = 2\sqrt{Km}$ 。

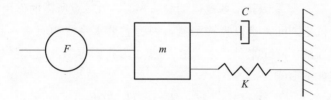

图 6-15　弹簧-质量-阻尼组合系统

　　如果施加的振动力 F_1 的频率与共振频率 $\omega = \omega_n = \sqrt{\dfrac{K}{m}}$ 相同，则 Z 等于 C ，或者

$$Z = \frac{\sqrt{Km}}{Q} = \frac{K}{Q\omega_n} \quad (6-14)$$

式中，$Q = C_c/(2C)$ ，与经常在电路系统或系统共振增益中所用的表达式是相同的。在机械结构中 Q 值一般在 $10 \sim 50$ 。

　　利用阻抗方法的一个优势是计算方便。如果由振动力引起的某点 “0” 的速度为 $v_0 e^{j\omega t}$ ，则

$$v_0 = \frac{F}{Z_0} \quad (6-15)$$

对于并联阻抗

$$Z_0 = Z_1 + Z_2 + \cdots + Z_n \quad (6-16)$$

对于串联阻抗

$$\frac{1}{Z_0} = \frac{1}{Z_1} + \frac{1}{Z_2} + \cdots + \frac{1}{Z_n} \qquad (6-17)$$

所有的非冗余结构都能分解成基本元件的串联或并联组合，因此利用上述两个关系式可以方便快捷地计算复杂系统的阻抗值。

为了有助于正确组合阻抗值，有必要注意到一个明显的陷阱。图 6-16（a）所示系统阻抗是并联阻抗，而图 6-16（b）所示系统阻抗是串联阻抗。为了说明图 6-16（a）是并联关系，其元件可以重新布置为图 6-16（c）所示。图 6-16（a）所示系统的阻抗值 Z_0 为

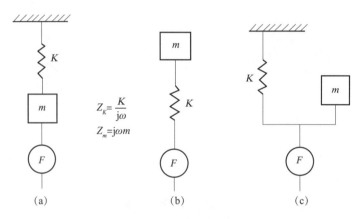

图 6-16　系统阻抗框图

$$Z_0 = \sum Z = \frac{K}{j\omega} + j\omega m \qquad (6-18)$$

$$v_0 = \frac{F}{Z} = \frac{F}{\dfrac{K}{j\omega} + j\omega m} = \frac{j\omega(F/m)}{\dfrac{K}{m} - \omega^2} \qquad (6-19)$$

令 ω_n 表示固有频率，则有

$$\frac{v_0}{F} = \frac{1}{Z} = \frac{j\omega/K}{1 - (\omega/\omega_n)^2} \qquad (6-20)$$

作为最后一个例子，考虑图 6-17（a）所示的阻尼振动系统。

为了明确串联/并联的关系，图 6 - 17（a）重新画成了图 6 - 17（b）的形式。

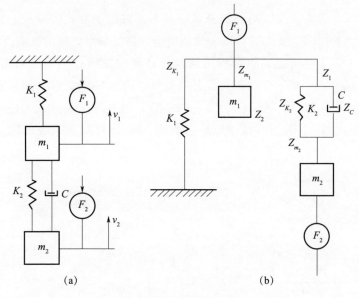

（a）　　　　　　　　　　　　（b）

图 6 - 17　振动阻尼系统

当求解这个系统关于外激励函数的阻抗时，很明显有：Z_1，Z_{m_1}，Z_{K_1} 并联，Z_{K_2} 和 Z_C 并联，Z_2 和 Z_{m_2} 串联。因此

$$Z_2 = Z_{K_2} + Z_C \qquad\qquad (6-21)$$

$$\frac{1}{Z_1} = \frac{1}{Z_2} + \frac{1}{Z_{m_2}} \qquad\qquad (6-22)$$

$$Z_{11} = Z_{K_1} + Z_{m_1} + Z_1 \qquad\qquad (6-23)$$

由此可计算系统阻抗

$$Z_{11} = \frac{F_1}{v_1} \qquad\qquad (6-24)$$

如果利用 F_2，为了求得 $Z_{22} = F_2/v_2$，下面关系成立：

Z_2 和 Z_3（Z_{m_1} 和 Z_{K_1} 的并联）串联，Z_{K_2} 和 Z_C 并联，Z_{m_1} 和 Z_{K_1} 并联，Z_{m_2} 和 Z_1 并联。

利用前面的关系式，可以得到

$$Z_3 = Z_{K_1} + Z_{m_1} \tag{6-25}$$

$$\frac{1}{Z_1} = \frac{1}{Z_2} + \frac{1}{Z_3} \tag{6-26}$$

$$Z_{22} = Z_1 + Z_{m_2} \tag{6-27}$$

6.3.1.4　典型的阻抗图

为了直观地复现从试验中观察到的阻抗，有必要对各种元件或系统产生的响应类型做一些了解。图 6-18 是三种基本元件：弹簧、阻尼器和质量块响应的对数表示图。

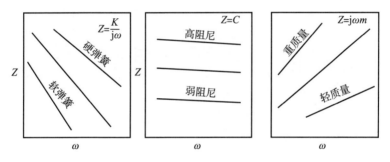

图 6-18　三种基本响应的对数表示图

可以用类似于在伺服机构系统综合中构建 Bode 图的加法原理对上述三个图进行组合。图 6-19 给出了两种基本组合的描述。

图 6-20 给出了图 6-15 所示的典型系统的各种阻抗，还包括其他两个阻抗值。首先，图 6-21 给出了一个弹簧-质量并联系统阻抗图，这是弯曲系统的典型阻抗图，由典型的模态解进行描述。其次，图 6-22 给出了一个弹簧-质量串联系统的阻抗图，这是轴的扭转振动的代表，但是在其他一些系统中也可能遇到。图 6-21 和图 6-20 是所谓的终结型，就是说看起来像一个具有弹簧约束的力作用在系统上，这一点可以很容易从系统在低频的行为特性看出来。弹簧约束值可以从曲线上读出来。图 6-22 是两端自由振动，这一点可以从曲线趋势看出来，它在所有频率都跟随着质量的恒值线。

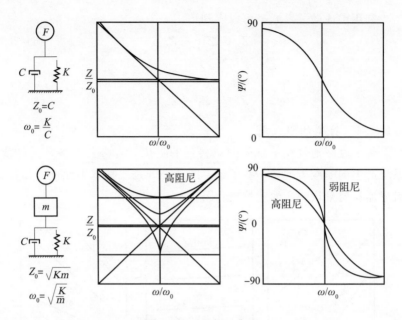

图 6-19　阻抗组合图

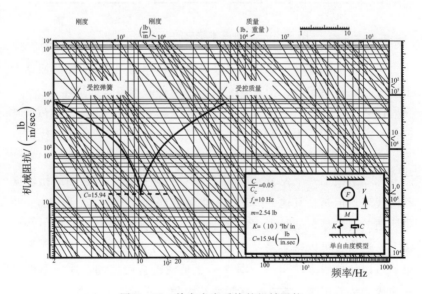

图 6-20　单自由度系统的机械阻抗

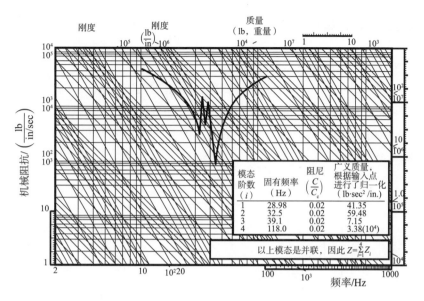

图 6-21　多自由度系统的机械阻抗

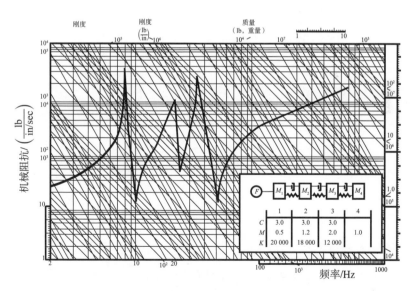

图 6-22　弹簧-质量串联系统的机械阻抗

6.3.2　机械阻抗测量

6.3.2.1　试验装置

试验装置与常用的测量弹簧静态刚度的装置相似，二者主要区别是机械阻抗测量试验中施加和测量的均为动态力和运动量，而非静态力和静态位移。图 6-23 给出了一个典型的发动机万向节机械阻抗测量装置。

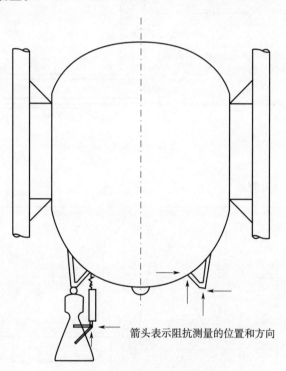

箭头表示阻抗测量的位置和方向

图 6-23　典型发动机阻抗试验装置

下面介绍力、运动、频响特性和设备的要求。适当时，还应当确定试验支架、激振器及悬挂系统的谐振响应。上述大多数要求是基于稳态正弦激励，但有时也会使用瞬态或脉冲激励。

6.3.2.2　力和运动要求

　　动态力可由振动台或伺服作动器提供，通常使用一个可在一定频率范围内变化的稳态正弦力或运动。试验装置所施加的力的最大幅值由实际飞行控制载荷或试验所允许的最大载荷决定。在初步使用扫频方法检验试验控制方式的正确性时，应施加较小的力。如果允许施加较大的力，则可通过施加不同的量级检验结构动力学特性的非线性。当用稳态激振力扫频时，可以通过输入的力或运动（速度或加速度）幅值来控制结构响应。

6.3.2.3　试验设备要求

　　对试验设备的要求取决于以下几个因素：

　　1）力和运动的量级；

　　2）测量数据的动态范围；

　　3）足够的信噪比；

　　4）频率范围；

　　5）相位角测量的精度要求；

　　6）数据采集要求。

　　第一个因素有助于确定所需的传感器类型。可以采用一个包含力传感器和加速度传感器的阻抗头，需要考虑加速度计的共振频率、横向运动灵敏度、角振动灵敏度、弯曲应变灵敏度和线性度，以及测力计的刚度特性等因素。

　　试验时应对测量数据的动态范围有严格要求，因为系统的机械阻抗根据动态特性的不同（主要是共振和反共振），可能会在三个数量级（60 dB）内变化。

　　测试设备的动态范围与信噪比密切相关。当在共振点或反共振点力或运动变小时，传感器的灵敏度应该保证测量数据有较高的信噪比。试验时应能够选择测试设备系统的增益。

　　测量的频带范围由试件的频响要求决定，其范围一般说来是从 0 Hz（静态）到伺服系统带宽的两倍。

相位角的测量精度要求由阻抗数据的用途决定，通常相位角误差不超过 3°是可以接受的。

6.3.3　全尺寸导弹的阻抗测量

在某型火箭上面级的研发试验中，机械阻抗在头部整流罩的铰链处进行测量。弹簧动刚度由在低于共振点处测量的阻抗值确定，弹簧静刚度也在单独的试验中确定。这种特殊的结构具有软弹簧特性，当激励力处于同一范围内时，将弹簧刚度进行对比，结果表明，弹簧动刚度比静刚度低 20%，这种差别由以下几种原因产生：

1）在阻抗测试中，在头部整流罩铰链处没有预加载静态载荷，振动拉力和压力作用在铰链上，不连续的结构连接显著地软化了弹簧刚度；

2）结构振动模态的影响没有全部考虑。

在该型火箭的另一次试验中测量了其发动机万向节块的纵向机械阻抗，也用该火箭的弹簧-集中质量块模型对其进行了计算。为了验证数学模型能否基本反映火箭 50 Hz 以下的动力学特性，将计算结果和试验结果进行了对比。

分析过程中最明显的困难在于：

1）在有些数学模型中使用的阻尼与通过试验确定的阻尼不同；

2）数学模型中没有包含更高阶的模态。

可以预料，这些困难在这类试验中会经常出现，因此，计算和试验得到的阻抗值通常无法完全一致。

6.4　全弹伺服弹性试验

伺服弹性问题属于气动伺服弹性问题的一类。气动伺服弹性问题是惯性力、弹性力、气动力和控制力的四力耦合问题[5-6]，可以用图 6-24 中的气动伺服弹性金字塔来形象地描述，当金字塔四个角上的力全部耦合在一起时，就构成了气动伺服弹性力学的研究范畴。严格地讲，导弹在大气内飞行的过程动态分析就属于这一学科，金字塔的四个面分别代表了四个不同的学科。

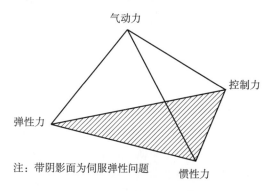

注：带阴影面为伺服弹性问题

图 6 - 24 气动伺服弹性金字塔

由弹性力、惯性力和气动力相互作用，构成经典的气动弹性动力学问题，比如颤振；由控制力、气动力和弹性力构成气动伺服弹性静力学问题；由控制力、惯性力和气动力相互作用构成气动伺服动力学问题，如果导弹及其控制系统相关环节刚度很大，可以忽略弹性变形时，其动力学分析就属于气动伺服动力学。

由弹性力、惯性力和控制力相互作用构成的是伺服弹性力学问题（即图 6 - 24 中的带阴影面）。伺服弹性力学问题研究的是作为弹性体的导弹在大气层外飞行或小动压飞行的情况，以及大气层内飞行但气动力受结构变形影响可以忽略不计的情况。

伺服弹性现象在国内外航空航天领域多次出现，因此受到了广泛关注。用于解决伺服弹性问题或借助伺服弹性力学手段解决其他飞行控制相关问题的试验称为伺服弹性试验。在航空领域伺服弹性试验被称做飞行控制系统结构模态耦合试验[7]（SMI），是试飞前的一项例行试验，在战术导弹领域这项试验也越来越受到重视。

伺服弹性试验分为控制回路开环传递特性测量试验和闭环稳定

性验证试验。通过开环试验获得各环节传递特性和整个控制系统传递特性数据，确保设计采用的控制对象模型和数据是完备的、准确的，然后根据稳定性分析获得理论伺服弹性稳定裕度。通过闭环试验验证伺服弹性稳定性，并通过拉偏试验获取真实的伺服弹性稳定裕度。

6.4.1　开环试验

6.4.1.1　试验原理

图 6-1 是真实飞行过程中的飞行闭环控制回路框图，要进行开环试验首先需要根据飞行控制系统的特点，确定开环"切口"位置，将闭环控制系统回路转为开环状态。一般工程中便于实现的是在控制器和执行机构之间断开，形成的开环伺服弹性试验原理框图见图 6-25，测量从伺服指令输入到执行机构输出、敏感装置输出的各环节实际传递特性：

1）伺服单元测试设备向作动器发送操纵指令，同时提供模拟量指令给测量设备采集。

2）作动器按操纵指令经过传动组件驱动控制面（舵）/喷管进行偏转，舵轴/喷管转角和舵面/喷管的实际偏转角速度信号也输出给测量设备采集，同时在舵/喷管上采用弹性元件施加外负载，模拟飞行受载。

3）控制面（舵）/喷管运动的惯性力引起弹体结构的运动，敏感装置敏感此运动后输出角速率信号由测量设备采集。

6.4.1.2　运动方程与试验传递特性的关系

开环试验的主要目的是测量姿控回路各环节的真实传递特性，一方面可用于闭环仿真或稳定性分析，更重要的是可以检验第 5 章确定的运动方程及系数是否覆盖真实传递特性，因此需要明确运动方程与试验传递特性之间的关系。

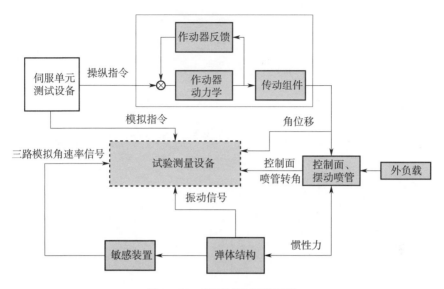

图 6 - 25　开环试验原理框图

（1）完整运动方程[2]

典型战术导弹俯仰和偏航姿态控制设计中采用的刚体和弹性振动运动方程如下，其中式（6 - 29）和式（6 - 32）代表横向弹性振动。

①俯仰通道

$$\Delta\ddot{\varphi} + b_{1f}\Delta\dot{\varphi} + b_{2f}\Delta\alpha + b_{3f}\Delta\delta_{\varphi} + b_{4f}\Delta\delta_{\gamma} + b_{5f}\Delta\beta + b_{6f}\Delta\delta_{\psi}$$

$$= -b_{2f}\alpha_W - b_{5f}\beta_W + \sum\Delta\bar{M}_{z_1 j}$$

$$(6 - 28)$$

$$\ddot{q}_i(t) + 2\xi_i\omega_i\dot{q}_i + \omega_i^2 q_i(t) = D_{1i}\Delta\dot{\varphi} + D_{2i}(\Delta\alpha + \alpha_w) + D_{3i}\Delta\delta_{\varphi} + D_{3i}^{''}\Delta\ddot{\delta}_{\varphi}$$

$$(6 - 29)$$

$$\Delta\varphi_s = \Delta\varphi - \sum_{i=1}^{n} w'_i(x_g)q_i \qquad (6 - 30)$$

式中，b_{if}，$i = 1,2,\cdots,6$ 为刚体俯仰运动方程式系数，其余符号含义与第 5 章相同。

②偏航通道

$$\Delta\ddot{\psi} + b_{1p}\Delta\dot{\psi} + b_{2p}(\Delta\beta + \beta_w) + b_{3p}\Delta\delta_\psi + b_{4p}\Delta\delta_\gamma +$$
$$b_{5p}(\Delta\alpha + \alpha_w) + b_{6p}\Delta\delta_\varphi = \sum\Delta\bar{M}_{y1j} \tag{6-31}$$

$$\ddot{q}_j(t) + 2\xi_j\omega_j\dot{q}_j + \omega_j^2 q_j(t) = D_{1j}\Delta\dot{\psi} + D_{2j}(\Delta\beta + \beta_w) + D_{3j}\Delta\delta_\psi + D''_{3j}\Delta\ddot{\delta}_\psi \tag{6-32}$$

$$\Delta\psi_s = \Delta\psi - \sum_{j=1}^n w'_j(x_g)q_j \tag{6-33}$$

式中 $b_{ip}, i = 1, 2, \cdots, 6$ ——刚体偏航运动方程式系数；

ω ——弯曲振动角频率；

ξ ——模态阻尼比；

q ——广义坐标；

$w'(x_g)$ ——敏感装置安装处振型斜率。

对于空气舵操纵机构，由于空气舵惯性相对于俯仰偏航刚体转动惯量较小，因此刚体运动方程中没有 $\ddot{\delta}$。如果采用喷管操纵机构，则一般需要考虑此项。弹性振动部分方程右端的前两项都是对应弹体姿态角偏差引起的分布气动力；第三项对应舵偏角或发动机摆角 $\Delta\delta$ 产生的控制力；第四项是舵或喷管摆动角加速度 $\Delta\ddot{\delta}$ 引起的惯性力项。

由上面的分析可见，导弹横向弹性振动运动方程式只体现了从舵/喷管到敏感装置安装处的传递特性，不含敏感装置自身的传递特性、伺服操控指令到操纵机构转轴转角的传递特性、转轴到操纵机构实际转角及操纵机构控制力和惯性力到弹体的传递特性。

③滚转通道

对于扭转频率较高的战术导弹，滚转通道一般不考虑导弹扭转弹性振动，只考虑刚体运动。

$$\ddot{\gamma} + d_{1g}\dot{\gamma} + d_{3g}\delta_\gamma + d''_{3g}\ddot{\delta}_\gamma + d_{4g}\Delta\beta + d_{5g}\Delta\delta_\psi + d_{6g}\Delta\alpha + d_{7g}\Delta\delta_\varphi = \sum\Delta\bar{M}_{x_1j} \tag{6-34}$$

式中左端第二项为气动阻尼，第三项为气动控制力，第四项对应操纵机构惯性力，第五到第八项对应气动力扰动。由于战术导弹的滚转转动惯量较小，因此操纵机构的惯性力影响相对比较明显，通常不能被忽略，特别是在控制力较小的情况下。

（2）地面试验对应的运动方程

地面试验时，没有气动力，只有惯性力。伺服正弦扫频指令驱动操纵机构偏转，测量操纵机构角加速度引起的惯性力到敏感装置输出的传递特性。

对于俯仰和偏航通道，式（6 - 29）和式（6 - 32）的刚体运动方程中没有操纵机构惯性力项，地面试验时，弹性振动方程中没有气动力项，因此对应运动方程如下。

①俯仰通道

$$\ddot{q}_i(t) + 2\xi_i\omega_i\dot{q}_i + \omega_i^2 q_i(t) = D''_{3i}\Delta\ddot{\delta}_\varphi \qquad (6 - 35)$$

$$\Delta\varphi_s = \Delta\varphi - \sum_{i=1}^{n} w'_i(x_g)q_i \qquad (6 - 36)$$

②偏航通道

$$\ddot{q}_j(t) + 2\xi_j\omega_j\dot{q}_j + \omega_j^2 q_j(t) = D''_{3j}\Delta\ddot{\delta}_\psi \qquad (6 - 37)$$

$$\Delta\psi_s = \Delta\psi - \sum_{j=1}^{n} w'_j(x_g)q_j \qquad (6 - 38)$$

式（6 - 34）表示的滚转通道只有刚体运动方程，地面试验时没有气动力项，因此对应运动方程如下。

③滚转通道

$$\ddot{\gamma} + d''_{3g}\ddot{\delta}_\gamma = 0 \qquad (7 - 39)$$

6.4.1.3　试验方案

伺服弹性试验属于动态特性试验，而特性与参试产品边界直接相关。为了模拟导弹飞行时的自由-自由真实边界，试验时通常采用弹性橡皮绳或弹簧筒悬吊方式，边界要求基本与全弹模态试验一致。

为了模拟真实飞行时舵面/喷管的静负载铰链力矩，试验时采用橡皮绳等弹性元件在舵面/喷管上施加弹性静载荷，弹性元件的刚度以不影响操纵系统传递特性为原则。

开环试验主要测量从伺服指令输入到舵轴/喷管摆心、舵面/喷管实际转角和敏感装置减振前后的各环节实际传递特性，常见的测点布置见表 6-1。当然，如果需要监控弹上振动响应，还需布置相应的振动测点。

表 6-1　测点分布

序号	测量参数
1	舵轴/喷管角位移（角位移传感器）
2	舵面/喷管角速度（角速率陀螺）
3	敏感装置减振前角速度（角速率陀螺）
4	敏感装置减振后角速度（也可直接采集敏感装置输出）

开环试验一般按俯仰、偏航和滚转三通道单独进行，试验中采用伺服机构按三通道伺服扫频指令驱动舵/喷管进行偏转作为激励。与执行机构传递特性测量试验一样，为了保证各环节相频响应测量的有效性，激励输入信号和各环节输出信号需要同步采集。

6.4.1.4　试验结果分析及使用

对扫频输入和各环节输出的时域信号进行频域分析即可获得各环节和从操纵指令到敏感装置输出的完整传递特性。对于采用幅值稳定的飞行控制系统，如果实测的完整幅频传递特性在控制律设计时采用的导弹运动模型得到的理论传递关系 $\Delta\varphi_s/\delta_\varphi$、$\Delta\psi_s/\delta_\psi$ 和 $\Delta\gamma_s/\delta_\gamma$ 覆盖之下，则按照理论传递特性设计的姿控网络一定可以确保闭环伺服弹性稳定性。对于采用相位稳定方案的飞行控制系统，则还需比较相位滞后情况。

6.4.1.5　其他

1）伺服弹性试验一般安排在全弹模态试验后进行，全弹模态参数、敏感装置和执行机构的传递特性均已获得，控制律设计具备了较为可靠的试验基础，真实开环传递特性与控制律设计时采用的传递特性差异较小，即使发现不覆盖的情况，修改控制系统设计的难度不大，一般不会导致控制系统方案的颠覆性更改。

2）比较图 6 - 25 和图 6 - 1，二者除了开环和闭环的差别外，其中还少了控制器。实际上，开环试验也可以带控制器进行，但由于控制器环节完全是控制系统设计的数学运算过程，其特性可以认为是已知的，且可在单元测试中验证，所以开环试验中控制器并非必须参加。

6.4.2　闭环试验

6.4.2.1　试验方案

闭环伺服弹性试验的导弹状态与开环试验基本相同，但必须有控制器参加，原理与图 6 - 1 所示完全一致。通过指令输入端向系统注入一个脉冲，或通过激振器等在弹体上进行一个宽频或扫频的初始扰动，观察闭环状态下导弹是否能稳定。

闭环伺服弹性试验时可能会出现不稳定现象，一旦出现不稳定现象就可能损坏导弹或控制系统。为尽量避免发生不稳定现象，要在开环试验后评定控制回路的伺服弹性稳定裕度，另外试验设计时应保证如果出现了不稳定现象可立刻解除动力，切断能量供给。

闭环试验时首先在控制系统额定增益下进行，向控制器注入一系列脉冲信号或向弹体施加短暂外扰动，观察记录导弹和舵/喷管响应。脉冲信号可以是三角波信号，也可以采用方波信号，如图 6 - 26 所示，脉冲宽度和高度、脉冲间隔和数量都应允许调整。如果额定增益下受扰后舵/喷管响应是衰减的，就逐步增加控制系统的增益，直到达到分析的幅值裕度或不稳定为止。

6.4.2.2　典型试验结果

图 6 - 27 是某导弹在如图 6 - 26 所示连续 10 个三角波脉冲激励下弹上惯组响应的时间历程曲线，三角波脉冲是在延时结束时刻开始发出。可见，在额定状态，系统是伺服弹性稳定的，脉冲激励过后，导弹运动迅速收敛。随着增益拉偏增加，稳定裕度逐渐降低，

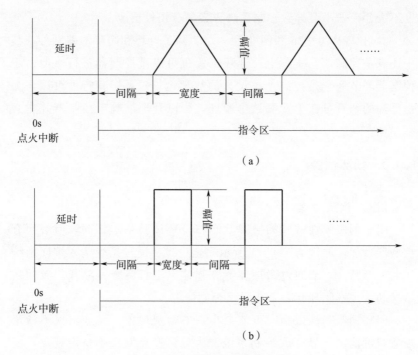

（a）

（b）

图 6 - 26　三角波和方波指令输入

拉偏 10 dB 时，即使脉冲扰动还未发出系统已经开始自激振荡起来了，由于伺服功率的限制，振荡并未发散。

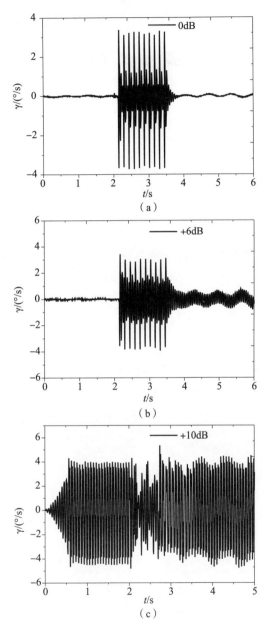

图 6 - 27　典型闭环试验结果（连续 10 个三角波激励）

参 考 文 献

［1］ NOLL R B，ZVARA J. NASA – SP – 8079 Structural Interaction with Control Systems ［R］. Washington DC：National Aeronautics and Space Administration，1971.

［2］ 龙乐豪. 总体设计（中）［M］. 北京：宇航出版社，1993.

［3］ DHEKANE M V，LALITHAMBIKA V R，DASGUPTA S，et al. Modeling of Control Structure Interaction in Launch vehicle – A Flight Experience ［C］. AIAA Guidance，Navigation，and Control Conference and Exhibit，Portland，1999：933 – 940.

［4］ LUKENS D R. Dynamic Stability of Space Vehicles，Volume V – Impedance Testing for Flight Control Parameters ［M］. Washington DC：National Aeronautics and Space Administration，1967.

［5］ 杨超. 飞行器气动弹性原理 ［M］. 北京：北京航空航天大学出版社，2011.

［6］ 赵永辉. 气动弹性力学与控制 ［M］. 北京：科学出版社，2007.

［7］ 张德发，叶胜利，等. 飞行控制系统的地面与飞行试验 ［M］. 北京：国防工业出版社，2003.

第 7 章　结构动力学若干工程问题

由于战术导弹的特殊性，如轻质化材料的使用、飞行速度的加快、快速连接方式的应用和内部填充率加大等，使得战术导弹结构动力学领域出现了一些工程特殊问题，如内部填充不对称或者舱段刚度设计不对称造成的"双模态"现象、剪切系数对战术导弹结构动力学的影响问题、采用活动式部件连接带来的全弹结构动力学模态非线性问题、飞行等工况下的模态辨识问题，以及由于轴向飞行刚体运动对导弹横向模态的影响问题等。

本章针对其中一些工程问题进行了详细的叙述和分析。

7.1　"双模态"现象

目前，导弹姿态控制系统设计采用的弹性振动数学模型（即动力学方程）基本都是在象限平面内建立的，即假设导弹横向弯曲发生在象限平面内，此模型对于导弹弹体刚度沿周向分布比较均匀或者弯曲主振方向就在象限线上（或靠近象限线）的情况是合理并且充分的，但对振向偏离象限线较远的情况并不适用。然而，从近期的战术导弹的模态试验结果看，恰恰主振方向都偏离象限线较远，有的就在象限间 45°方向上，针对此问题本节抛开横向弯曲发生在象限平面内的假设，建立了导弹弹性振动数学模型（动力学方程），是对现有模型的推广。

7.1.1 导弹弹性振动动力学建模

一般地，导弹弹性振动的分析及求解是在图 7 - 1 所示的坐标系中进行的，其中坐标原点在导弹理论尖点，x 轴为导弹弹体纵轴指向尾部，y 轴在导弹弹体 Ⅰ-Ⅲ 象限对称平面（即俯仰平面）内与 x 轴垂直从 Ⅰ 象限指向 Ⅲ 象限，z 轴与 x 轴和 y 轴构成右手系，x、y、z 三方向的单位矢量用 $\boldsymbol{i}$、$\boldsymbol{j}$、$\boldsymbol{k}$ 表示。

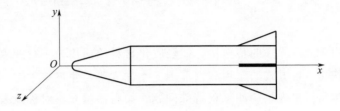

图 7 - 1　导弹弹性振动分析坐标系

考虑横向弯曲振动时，通常将导弹用一个变截面梁模型来建模进行分析。根据弹性力学原理，在如图 7 - 1 所示的坐标系中建立导弹横向弹性振动微分方程如下（Euler - Bernoulli 梁）

$$\rho(x)A(x)\frac{\partial^2 w(x,t)}{\partial t^2}+\frac{\partial^2}{\partial x^2}\left[E(x)I(x)\frac{\partial^2 w(x,t)}{\partial x^2}\right]=f(x,t)-\frac{\partial}{\partial x}m(x,t)$$

$$(7-1)$$

式中　$\rho(x)$ ——密度；

$A(x)$ ——截面积；

$E(x)$ ——材料弹性模量；

$I(x)$ ——截面惯性矩；

$w(x,t)$ ——坐标为 x 的截面 t 时刻的横向位移；

$f(x,t)$，$m(x,t)$ ——单位长度梁上分布的横向外力和外力

矩，对于导弹而言一般 $m(x,t)=0$。

需要指出的是，以往文献中大都在 xOy 平面（或 xOz 平面）内考虑横向弯曲振动及俯仰（或偏航）动力学方程式的推导，不能准确描述主振方向偏离象限线较远的情况，所以本节用矢量 $w(x,t)=[y(x,t)\boldsymbol{j}+z(x,t)\boldsymbol{k}]$ 表示横向位移，以涵盖弯曲振动平面介于 Ⅰ-Ⅲ 和 Ⅱ-Ⅳ 象限之间的情况。由于横向位移不再限制在某一坐标平面内，因此与位移对应外力 $f(x,t)$ 相应地也用矢量表示。对于横向振动，通常需要考虑的外力有气动力和控制力，其表达式为

$f(x,t) =$

$$
\begin{pmatrix}
\big[qSC_N^\alpha(x)\arctan((x-x_{cg})\Delta\dot{\varphi}/v) + qSC_N^\alpha(x)\Delta\alpha + n\delta(x_R-x)P_{c\varphi}\sin(\Delta\delta_\varphi)\big]\boldsymbol{j} + \\
\big[qSC_N^\beta(x)\arctan((x-x_{cg})\Delta\dot{\psi}/v) + qSC_N^\beta(x)\Delta\beta + n\delta(x_R-x)P_{c\psi}\sin(\Delta\delta_\psi)\big]\boldsymbol{k}
\end{pmatrix}
$$

$$(7-2)$$

式中　q ——动压；

　　　S ——气动力参考面积；

　　　C_N^α , C_N^β ——分布气动力系数导数；

　　　x_{cg} ——质心位置；

　　　φ ——俯仰角；

　　　ψ ——偏航角；

　　　α ——攻角；

　　　β ——侧滑角；

　　　$\delta(x_R-x)$ ——狄拉克函数；

　　　$P_{c\varphi}$, $P_{c\psi}$ ——单个摆动发动机推力或空气舵/燃气舵单位舵偏
　　　　　　　角产生的控制力 [对于舵，式（7-2）中
　　　　　　　$\sin(\Delta\delta_\varphi)$ 和 $\sin(\Delta\delta_\psi)$ 应为 $\Delta\delta_\varphi$ 和 $\Delta\delta_\psi$]，δ_φ 和 δ_ψ 为
　　　　　　　摆动发动机摆动角度或空气舵/燃气舵的偏角；

　　　n ——俯仰或偏航方向上发动机个数或空气舵/燃气舵的个数；

　　　v ——飞行速度；

　　　$\boldsymbol{j}$ 和 $\boldsymbol{k}$ 前的系数——俯仰和偏航方向上的外力值。

　　每个方向外力的第一项为俯仰/偏航角速度引起的附加攻角产生的气动力、第二项为分布气动力、第三项为发动机推力的横向分量或空气舵/燃气舵产生的横向力（x_R 为发动机摆动点或空气舵/燃气舵舵轴距理论顶点的距离）。因为 $\Delta\dot{\varphi}$、$\Delta\dot{\psi}$、$\Delta\delta_\varphi$ 和 $\Delta\delta_\psi$ 都较小，所以可以用式（7-2）线性化结果对外力进行近似，即

$f(x,t) =$

$$
\begin{pmatrix}
\big[qSC_N^\alpha(x)(x-x_{cg})\Delta\dot{\varphi}/v + qSC_N^\alpha(x)\Delta\alpha + n\delta(x_R-x)P_{c\varphi}\Delta\delta_\varphi\big]\boldsymbol{j} + \\
\big[qSC_N^\beta(x)(x-x_{cg})\Delta\dot{\psi}/v + qSC_N^\beta(x)\Delta\beta + n\delta(x_R-x)P_{c\psi}\Delta\delta_\psi\big]\boldsymbol{k}
\end{pmatrix}
$$

$$(7-3)$$

7.1.2　弹性振动方程求解

　　求解式（7-1）表达的非齐次方程，可以获取导弹的弹性振动方程，求解过程与第 5 章相同，区别在于如果主振方向不在象限线上，如图 7-2 所示，可设

$$\boldsymbol{u}_i(x) = \left[u_{iy}(x)\boldsymbol{j} + u_{iz}(x)\boldsymbol{k} \right] \tag{7-4}$$

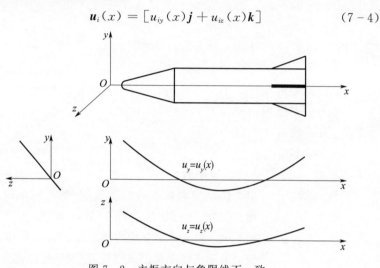

图 7-2　主振方向与象限线不一致

则式第 i 阶模态空间的动力学方程可写为

$$\ddot{q}_i(t) + \omega_i^2 q_i(t) = D_{1yi}\Delta\dot{\varphi} + D_{2yi}\Delta\alpha + D_{3yi}\Delta\delta_\varphi + D_{1zi}\Delta\dot{\psi} +$$
$$D_{2zi}\Delta\beta + D_{3zi}\Delta\delta_\psi$$

$$\tag{7-5}$$

　　加入模态阻尼比后，第 i 阶模态空间的动力学方程为

$$\ddot{q}_i(t) + 2\xi_i\omega_i\dot{q}_i(t) + \omega_i^2 q_i(t) = D_{1yi}\Delta\dot{\varphi} + D_{2yi}\Delta\alpha + D_{3yi}\Delta\delta_\varphi +$$
$$D_{1zi}\Delta\dot{\psi} + D_{2zi}\Delta\beta + D_{3zi}\Delta\delta_\psi$$

$$\tag{7-6}$$

式中

$$D_{1yi} = -\frac{57.3qS}{M_i v} \int_0^l C_N^\alpha(x)(x_{cg} - x)u_{yi}(x)\mathrm{d}x$$

$$D_{1zi} = -\frac{57.3qS}{M_i v}\int_0^l C_N^\beta(x)(x_{cg}-x)u_{zi}(x)\mathrm{d}x$$

$$D_{2yi} = \frac{57.3qS}{M_i}\int_0^l C_N^\alpha(x)u_{yi}(x)\mathrm{d}x$$

$$D_{2zi} = \frac{57.3qS}{M_i}\int_0^l C_N^\beta(x)u_{zi}(x)\mathrm{d}x$$

$$D_{3yi} = \frac{nP_{c\varphi}u_{yi}(x_R)}{M_i}$$

$$D_{3zi} = \frac{nP_{c\psi}u_{zi}(x_R)}{M_i}$$

因为式 (7-2) 中外力 $f(x,t)$ 中未计入惯性力，所以式 (7-5) 和式 (7-6) 表示的第 i 阶模态空间动力学方程广义力（右端项）中也不含惯性力项，但仿照气动力和推力对应的广义力项的推导过程很容易得到惯性力对应的广义力项，此处不再赘述。

7.1.3　弹性振动对姿态控制的影响

7.1.3.1　模态阶次

以往考虑导弹的横向弯曲振动是在 xOy 平面（俯仰，Ⅰ-Ⅲ 方向）或 xOz 平面（偏航，Ⅱ-Ⅳ 方向）内分别进行的，所以 Ⅰ-Ⅲ 向和 Ⅱ-Ⅳ 向有各自的一阶、二阶、三阶等各阶模态，即各阶模态是成对出现的。现在三维空间里讨论导弹的横向弯曲振动，振向不一定与象限线一致，但仍然保持各阶模态成对出现的特点，仅不再称其为某象限的模态，而称之为主振 1 方向和主振 2 方向各阶模态。

7.1.3.2　弹性振动对姿态控制的影响

对于导弹结构而言，特别是固体发动机的弹道式导弹结构，相对刚度较大，气动弹性效应不明显，弹性振动引起的气动力和发动机推力扰动项对刚体姿控扰动方程影响较小，所以弹性振动对姿控的影响主要体现在陀螺敏感到的姿态信息中含有导弹弹性振动引起的附加姿态角，如图 7-3 所示，必须在姿控稳定分析和控制设计时进行考虑。

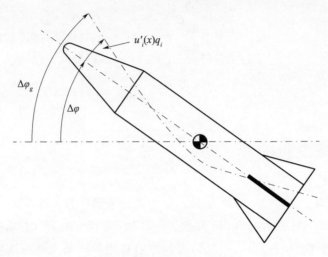

图 7 - 3　陀螺测量角示意图

假设俯仰和偏航通道刚体运动方程分别为式（7 - 7）和式（7 - 8）：

俯仰通道

$$\begin{cases} p_\varphi(\Delta\ddot{\varphi}, \Delta\dot{\varphi}, \Delta\alpha, \Delta\delta_\varphi, \Delta\delta_\gamma, \Delta\beta, \Delta\delta_\psi) = M_\varphi \\ p_\theta(\Delta\dot{\theta}, \Delta\theta, \Delta\alpha, \Delta\delta_\varphi, \Delta\delta_\gamma, \Delta\beta, \Delta\delta_\psi) = f_\theta \end{cases} \qquad (7-7)$$

偏航通道

$$\begin{cases} p_\psi(\Delta\ddot{\psi}, \Delta\dot{\psi}, \Delta\beta, \Delta\delta_\psi, \Delta\delta_\gamma, \Delta\alpha, \Delta\delta_\varphi) = M_\psi \\ p_\sigma(\Delta\dot{\sigma}, \Delta\sigma, \Delta\beta, \Delta\delta_\psi, \Delta\delta_\gamma, \Delta\alpha, \Delta\delta_\varphi) = f_\sigma \end{cases} \qquad (7-8)$$

式中　$\Delta\theta$ ——速度倾角偏差；

$\Delta\alpha$ ——攻角偏差；

$\Delta\varphi$ ——俯仰角偏差；

$\Delta\delta_\varphi$ ——俯仰方向舵摆角；

$\Delta\psi$ ——偏航角偏差；

$\Delta\sigma$ ——弹道侧滑角偏差；

$\Delta\beta$ ——侧滑角偏差；

$\Delta\delta_\psi$ ——偏航方向舵摆角；

$\Delta\delta_\gamma$ —— 滚动方向舵摆角；

M_φ，f_θ —— 俯仰通道的干扰；

M_ψ，f_σ —— 偏航通道的干扰。

则弹性振动对每个通道的姿态控制的影响通过下列方程耦合进导弹动力学方程。

主振 1

$$\ddot{q}_i(t) + 2\xi_i\omega_i\dot{q}_i(t) + \omega_i^2 q_i(t) = D_{1yi}\Delta\dot\varphi + D_{2yi}\Delta\alpha + D_{3yi}\Delta\delta_\varphi$$
$$+ D_{1zi}\Delta\dot\psi + D_{2zi}\Delta\beta + D_{3zi}\Delta\delta_\psi$$
$$i = 1,2,3,\cdots,m$$

$$(7-9)$$

主振 2

$$\ddot{q}_j(t) + 2\xi_j\omega_j\dot{q}_j(t) + \omega_j^2 q_j(t) = D_{1yj}\Delta\dot\varphi + D_{2yj}\Delta\alpha + D_{3yj}\Delta\delta_\varphi$$
$$+ D_{1zj}\Delta\dot\psi + D_{2zj}\Delta\beta + D_{3zj}\Delta\delta_\psi$$
$$j = 1,2,3,\cdots,m$$

$$(7-10)$$

俯仰通道

$$\Delta\varphi = \Delta\theta + \Delta\alpha$$
$$\Delta\varphi_g = \Delta\varphi - \Big(\sum_{i=1}^m u'_{iy}(x_g)q_i \pm \sum_{j=1}^m u'_{jy}(x_g)q_j \Big)$$

$$(7-11)$$

偏航通道

$$\Delta\psi = \Delta\sigma + \Delta\beta$$
$$\Delta\psi_g = \Delta\psi - \Big(\sum_{j=1}^m u'_{jz}(x_g)q_j \pm \sum_{i=1}^m u'_{iz}(x_g)q_i \Big)$$

$$(7-12)$$

式中，振型斜率 $u'_{iy}(x_g)$、$u'_{jy}(x_g)$ 和 $u'_{iz}(x_g)$、$u'_{jz}(x_g)$ 正是全弹模态试验中惯组安装处速率陀螺的测量值。式（7-7）、式（7-9）、式（7-10）、式（7-11）构成导弹俯仰通道动力学数学模型，式（7-8）、式（7-9）、式（7-10）、式（7-12）构成导弹偏航通道动力学数学模型，即弹性振动动力学方程（7-9）和式（7-10）是两个通道共用的。

　　需要指出的是，从图 7 - 3 中看，惯组测得的姿态角为刚体姿态角加弹性变形的附加姿态角，但由于计算振型斜率 $\mathrm{d}\boldsymbol{u}/\mathrm{d}x$ 时的载荷坐标系 x 轴方向与姿控系统采用的坐标系 x 轴方向相反，所以式（7 - 11）和式（7 - 12）中惯组测得的姿态角为刚体姿态角减去振型斜率值与模态位移的乘积。

7.1.4　讨论

7.1.4.1　俯仰和偏航通道的耦合问题

　　在许多型号中，俯仰和偏航通道的刚体运动方程是相互独立的，如果此导弹弹体横向弯曲模态主振方向恰好在象限线上，则两个弹性振动主振方向的模态分别只影响各自弯曲平面对应通道的姿态，那么俯仰和偏航通道的运动方程是完全独立的，即

　　　　俯仰通道

$$\begin{cases} p_\varphi(\Delta\ddot{\varphi}, \Delta\dot{\varphi}, \Delta\alpha, \Delta\delta_\varphi) = M_\varphi \\ p_\theta(\Delta\dot{\theta}, \Delta\theta, \Delta\alpha, \Delta\delta_\varphi) = f_\theta \end{cases} \tag{7-13}$$

$$\ddot{q}_i(t) + 2\xi_i\omega_i\dot{q}_i(t) + \omega_i^2 q_i(t) = D_{1yi}\Delta\dot{\varphi} + D_{2yi}\Delta\alpha + D_{3yi}\Delta\delta_\varphi$$
$$i = 1, 2, 3, \cdots, m$$
$$\tag{7-14}$$

$$\Delta\varphi = \Delta\theta + \Delta\alpha$$
$$\tag{7-15}$$
$$\Delta\varphi_g = \Delta\varphi - \sum_{i=1}^{m} u'_{iy}(x_g) q_i$$

　　　　偏航通道

$$\begin{cases} p_\psi(\Delta\ddot{\psi}, \Delta\dot{\psi}, \Delta\beta, \Delta\delta_\psi) = M_\psi \\ p_\sigma(\Delta\dot{\sigma}, \Delta\sigma, \Delta\beta, \Delta\delta_\psi) = f_\sigma \end{cases} \tag{7-16}$$

$$\ddot{q}_j(t) + 2\xi_j\omega_j\dot{q}_j(t) + \omega_j^2 q_j(t) = D_{1zj}\Delta\dot{\psi} + D_{2zj}\Delta\beta + D_{3zj}\Delta\delta_\psi$$
$$j = 1, 2, 3, \cdots, m$$
$$\tag{7-17}$$

$$\Delta \psi = \Delta \sigma + \Delta \beta$$

$$\Delta \psi_g = \Delta \psi - \sum_{j=1}^{m} u'_{jz}(x_g) q_j \qquad (7-18)$$

式（7-13）～式（7-18）就是目前大多数型号采用的姿态控制数学模型。

从上述讨论可知，对于俯仰和偏航通道的刚体运动方程是相互独立的情况，如果弹性振动主振方向在象限线上，则俯仰偏航通道无论是刚体动力学还是弹性振动动力学都是完全独立的，两个通道的状态控制设计互不影响；如果弹性振动主振方向偏离象限线较多，则俯仰和偏航通道的刚体运动相互独立，但弹性振动对两个通道姿控的影响是耦合的，每个通道姿控设计都需要考虑所有的模态，与7.1.3.2 节的情况相同。

7.1.4.2　操作机构布局的选取

本节在弹性振动运动方程式推导过程中使用的燃气舵/空气舵是"＋"型布置的假设，对于燃气舵/空气舵"×"型布置的情况，D_{3y}、D_{3z} 系数的表达式前应乘以 $\sqrt{2}$ 。

7.1.5　小结

针对横向弯曲主振方向偏离象限平面的问题，本节基于空间弯曲振向梁振动理论推导了导弹弹性振动数学模型，进而讨论了空间弯曲振向弹性振动对姿态控制的影响。研究发现，传统弹性振动数学模型是本节模型的一种特例，本节模型突破了传统的运动方程将横向弯曲限制在象限平面内的局限，是对传统模型的推广。

7.2　截面剪切系数计算

战术导弹一般为细长体结构，在进行结构动力学建模时，可以用梁模型进行简化，Timoshenko[1] 首次在梁模型中引入了剪切变形，其梁模型中定义了剪切系数用于描述剪应力沿梁截面的变化。这种梁模型理论在计算短粗梁的固有特性和细长梁的高阶固有特性时更为准确，在工程设计中得到了广泛应用。剪切系数的大小直接影响模型截面的剪切刚度，进而会对模型动特性计算结果带来影响，因此寻求准确的剪切系数计算方法，对于提高 Timoshenko 梁建模精度具有十分重要的意义。

然而，由于材料、截面形状以及惯性力等因素的影响，剪切系数的计算非常复杂，要想获得剪切系数的准确结果十分困难，其计算有多种观点及计算公式，不同的学者给出了不同的表达式。胡海昌等指出，在 Timoshenko 梁模型中假定截面剪应变为常数，但剪应力不是常数[2-3]，因此与 Hooke 定律相矛盾。Cowper 通过重新定义了梁的挠度和转角解决了这个矛盾，他利用 Love[4] 关于悬臂梁剪应力分布的解析解得到了剪切系数的解析式[5]。Stephen 采用 Kennard 和 Leibowitz 的方法，对 Cowper 提出的理论进行了完善，采用 Love 的解计算了重力作用下 Timoshenko 梁的剪切系数[6]。杜丹旭等采用子空间变分原理按照 Cowper 的定义计算了梁的剪切系数，结果表明，子空间变分原理适于求解复杂截面梁的剪切系数[7]。Hutchinson 利用 Love 关于悬臂梁应力分布的解析解研究了悬臂梁自由振动状态下的剪切系数，但其计算结果未得到试验验证[8]。Hull 给出了 Mindlin 板的剪切系数精确表达式，发现板的剪切系数与板的固有频率和板的形状参数等因素有关[9]，Kawashima 使用 Cowper 对剪切系数的定义推导了材料为各向异性体的石英水晶矩形截面梁的剪切系数，并证明了剪切系数与材料的刚度、截面的形状等因素的关系[10]。Puchegger 等人采用 Hutchinson 梁理论推导了各向异性材料的截面剪切系数并进行了数值仿真验证[11]。Omidvar 推导了正交各向异性分层复合材料薄壁梁截面的剪切系数，并给出了常用薄壁梁截面剪切系数的计算公式，当计算各向同性材料时他的计算结果与 Cowper 相同[12]。

虽然 Cowper 对 Timoshenko 梁截面挠度和转角的定义解决了剪

应力和剪应变不满足 Hooke 定律的矛盾，然而 Cowper 的定义仍然存在一定的局限性，且 Love 的解不是精确解。本节基于能量原理，采用悬臂梁剪应力分布的精确解计算了梁截面的剪切系数，并考虑了外力偏心对剪切系数的影响[13]。

7.2.1　新的计算截面剪切系数的表达式

7.2.1.1　基于能量原理的剪切系数计算方法

本节采用参考文献 [2] 提出的基于能量原理的剪切系数计算方法，设悬臂梁材料为各向同性材料，长为 L，坐标系原点位于悬臂梁的底面中心，将悬臂梁的形心轴作为 z 轴，以截面的惯性主轴为 x 轴和 y 轴。设外力只作用于悬臂梁的一端，沿 x 轴方向，在侧面上不受任何外力的作用，忽略悬臂梁自重，见图 7 - 4。

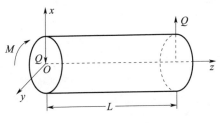

图 7 - 4　悬臂梁受力图

设剪力 Q 在梁截面内产生的剪应力为 τ_{zx} 和 τ_{zy}，C 是截面的剪切刚度，定义为

$$C = \kappa GA \tag{7 - 19}$$

式中　κ——截面的剪切系数；

　　　G——材料的剪切弹性模量；

　　　A——截面面积。

则根据能量守恒原理可得截面的剪切系数为

$$\frac{1}{\kappa} = A \iint \left[\left(\frac{\tau_{zy}}{Q} \right)^2 + \left(\frac{\tau_{zx}}{Q} \right)^2 \right] \mathrm{d}x\mathrm{d}y \tag{7 - 20}$$

7.2.1.2　不同形状截面的剪切系数计算

（1）纯弯曲变形条件下的剪切系数

当外力 Q 通过截面的弯曲中心时，梁将发生纯弯曲变形，其截面剪应力分布见参考文献 [13]。

①圆形截面

对于圆形截面，设截面边界的方程为

$$x^2 + y^2 = a^2 \qquad\qquad (7-21)$$

将参考文献 [13] 给出的圆形截面剪应力分布代入式（7-20），可得其截面剪切系数为

$$\kappa = \frac{6\,(1+\mu)^2}{8\mu^2 + 14\mu + 7} \qquad\qquad (7-22)$$

②椭圆形截面

对于椭圆形截面，设截面边界的方程为

$$\frac{x^2}{a^2} + \frac{y^2}{b^2} = 1 \qquad\qquad (7-23)$$

将参考文献 [14] 给出的椭圆形截面剪应力分布代入式（7-20），令 $m = b/a$，其中 a 和 b 分别为椭圆截面在 x 轴向和 y 轴向的截面半径，可得其截面剪切系数为

$$\kappa = \frac{3\,(1+\mu)^2\,(3+m^2)^2}{2\,[\mu^2 m^6 + m^4(5\mu^2 + 4\mu + 2) + 11\,(1+\mu)^2 m^2 + 15\,(1+\mu)^2]}$$
$$(7-24)$$

③环形截面

对于环形截面，设其外边界方程为 $x^2 + y^2 = a^2$，内边界方程为 $x^2 + y^2 = b^2$，将参考文献 [14] 给出的环形截面剪应力分布代入式（7-20），令 $m = b/a$，可得其截面剪切系数为

$$\kappa = \frac{24\,(1+m^2)^2\,(1+\mu)^2}{(m^2+1)^2(32\mu^2 + 56\mu + 28) + m^2(76\mu^2 + 196\mu + 107)}$$
$$(7-25)$$

④薄壁圆环截面

令式（7-25）中 $m = 1$，可得薄壁圆环截面剪切系数

$$\kappa = \frac{96\,(1+\mu)^2}{204\mu^2 + 420\mu + 219} \tag{7-26}$$

（2）弯扭耦合变形条件下的剪切系数

当外力偏离截面弯曲中心时，梁将发生弯曲和扭转耦合变形，其截面剪应力分布与纯弯曲相比将发生变化，需要重新求解，设偏心距为 e，则梁截面的扭矩为

$$M_z = -Qe \tag{7-27}$$

①圆形截面

弹性力学的应力平衡方程和以应力表示的变形协调方程见式（7-28）和式（7-29）。

$$\begin{cases} \dfrac{\partial\,\sigma_x}{\partial\,x} + \dfrac{\partial\,\tau_{xy}}{\partial\,y} + \dfrac{\partial\,\tau_{xz}}{\partial\,z} = 0 \\[2mm] \dfrac{\partial\,\tau_{yx}}{\partial\,x} + \dfrac{\partial\,\sigma_y}{\partial\,y} + \dfrac{\partial\,\tau_{yz}}{\partial\,z} = 0 \\[2mm] \dfrac{\partial\,\tau_{zx}}{\partial\,x} + \dfrac{\partial\,\tau_{zy}}{\partial\,y} + \dfrac{\partial\,\sigma_z}{\partial\,z} = 0 \end{cases} \tag{7-28}$$

$$\begin{cases} (1+\mu)\,\nabla^2\sigma_x + \dfrac{\partial^2\Theta}{\partial\,x^2} = 0 \\[2mm] (1+\mu)\,\nabla^2\sigma_y + \dfrac{\partial^2\Theta}{\partial\,y^2} = 0 \\[2mm] (1+\mu)\,\nabla^2\sigma_z + \dfrac{\partial^2\Theta}{\partial\,z^2} = 0 \\[2mm] (1+\mu)\,\nabla^2\tau_{xy} + \dfrac{\partial^2\Theta}{\partial\,x\,\partial\,y} = 0 \\[2mm] (1+\mu)\,\nabla^2\tau_{yz} + \dfrac{\partial^2\Theta}{\partial\,y\,\partial\,z} = 0 \\[2mm] (1+\mu)\,\nabla^2\tau_{zx} + \dfrac{\partial^2\Theta}{\partial\,z\,\partial\,x} = 0 \\[2mm] \Theta = \sigma_x + \sigma_y + \sigma_z \end{cases} \tag{7-29}$$

在柱体周围的侧面上，边界条件见式（7-30），其中在侧面上 $\cos(N, z) = 0$。

$$\sigma_x \cos(N,x) + \tau_{xy} \cos(N,y) + \tau_{xz} \cos(N,z) = 0$$

$$\tau_{yx} \cos(N,x) + \sigma_y \cos(N,y) + \tau_{yz} \cos(N,z) = 0 \qquad (7-30)$$

$$\tau_{zx} \cos(N,x) + \tau_{zy} \cos(N,y) + \sigma_z \cos(N,z) = 0$$

根据 Saint - Venant 原理，可以将悬臂梁两端的外力合成到端面的弯心上，得到合成力 Q 和合成力矩 M_z，忽略构成合力和合力矩的具体分布，得到悬臂梁的端面边界条件，见式（7 - 31）。

$$\begin{cases} Q = \iint\limits_R \tau_{zx}\,\mathrm{d}x\mathrm{d}y \\[2mm] 0 = \iint\limits_R \tau_{zy}\,\mathrm{d}x\mathrm{d}y \\[2mm] 0 = \iint\limits_R \sigma_z\,\mathrm{d}x\mathrm{d}y \\[2mm] 0 = \iint\limits_R y\sigma_z\,\mathrm{d}x\mathrm{d}y \\[2mm] Q(L-z) = -\iint\limits_R x\sigma_z\,\mathrm{d}x\mathrm{d}y \\[2mm] M_z = \iint\limits_R (x\tau_{yz} - y\tau_{zx})\,\mathrm{d}x\mathrm{d}y \end{cases} \qquad (7-31)$$

式（7 - 29）～式（7 - 31）需要求解二阶偏微分方程，直接求解比较困难，因此本节采用试凑法。假设

$$\sigma_x = \sigma_y = \tau_{xy} = 0 \qquad (7-32)$$

沿 z 轴任一截面的弯矩为

$$M_y = Q(L-z) \qquad (7-33)$$

假设

$$\sigma_z = -(L-z)\frac{Q}{I_y}x \qquad (7-34)$$

式中，I_y 是截面绕 y 轴的惯性矩，将 $\sigma_x, \sigma_y, \tau_{xy}$ 和 σ_z 代入式（7 - 28）和式（7 - 29），得到

$$\frac{\partial \tau_{zx}}{\partial z} = 0, \quad \frac{\partial \tau_{zy}}{\partial z} = 0, \quad \frac{\partial \tau_{zx}}{\partial x} + \frac{\partial \tau_{zy}}{\partial y} + \frac{Q}{I_y}x = 0 \qquad (7-35)$$

$$\nabla^2 \tau_{zx} + \frac{1}{1+\nu} \frac{Q}{I_y} = 0, \nabla^2 \tau_{zy} = 0 \tag{7-36}$$

引入应力函数 φ，使之满足

$$\tau_{zx} = \frac{\partial \phi}{\partial y} - \frac{Q}{2I_y} x^2, \tau_{zy} = -\frac{\partial \phi}{\partial x} \tag{7-37}$$

则式（7-35）自动满足，代入式（7-34）可得

$$\frac{\partial}{\partial y}(\nabla^2 \phi) = 2G\mu \frac{Q}{EI_y}, \frac{\partial}{\partial x}(\nabla^2 \phi) = 0 \tag{7-38}$$

将式（7-38）积分，得到应力函数的控制方程

$$\nabla^2 \phi = 2G\mu \frac{Q}{EI_y} y - 2\alpha G \tag{7-39}$$

可以证明，积分常数 α 是单位长度的扭转角，σ_z 满足边界条件式（7-31）的第 3 式～第 5 式，通过侧面边界条件可以证明式（7-31）的第 1 式和第 2 式成立[14]。

则此类问题的求解变为在边界条件式（7-30）和式（7-31）的第 6 式条件下通过求解式（7-39），得到应力函数 ϕ，从而可以得到 τ_{zx} 和 τ_{zy}。

将应力函数分解为两部分，令 $\phi = \phi_1 + \phi_2$，式中 ϕ_1 为弯曲应力函数，ϕ_2 为扭转应力函数。

由式（7-39）可得

$$\nabla^2 \phi = \frac{\mu}{\mu+1} \frac{Q}{I_y} y - 2\alpha G \tag{7-40}$$

由式（7-30）第 3 式和式（7-37）可得

$$\frac{d\phi}{ds} = \frac{1}{2} \frac{Q}{I_y} x^2 \cos(N, x) \tag{7-41}$$

令 $\phi_1 = A_1 y^3 + B_1 x^2 y + C_1 y, \phi_2 = D_2 x^2 + E_2 y^2$，将 ϕ_1 和 ϕ_2 代入式（7-41），并由等式恒成立的条件可得

$$B_1 a^2 + C_1 = \frac{1}{2} \frac{Q}{I_y} a^2 \tag{7-42}$$

$$3A_1 - 3B_1 = -\frac{1}{2} \frac{Q}{I_y} \tag{7-43}$$

$$-2D_2 + 2E_2 = 0 \qquad (7-44)$$

由式（7-39），令

$$\nabla^2 \phi_1 = 2G\mu \frac{Q}{EI_y}y , \nabla^2 \phi_2 = -2\alpha G \qquad (7-45)$$

可得

$$6A_1 + 2B_1 = \frac{\mu}{\mu+1}\frac{Q}{I_y} \qquad (7-46)$$

$$2D_2 + 2E_2 = -2\alpha G \qquad (7-47)$$

将式（7-37）代入端面边界条件式（7-31）第 6 式可得

$$M_z = \iint\limits_R [-2D_2 x^2 - 2E_2 y^2] \mathrm{d}x\mathrm{d}y \qquad (7-48)$$

联立式（7-42）、式（7-43）和式（7-46）可得

$$A_1 = \frac{(2\mu-1)Q}{24(1+\mu)I_y} , B_1 = \frac{(2\mu+1)Q}{8(1+\mu)I_y} , C_1 = \frac{(2\mu+3)Q}{8(1+\mu)I_y}a^2$$

$$(7-49)$$

联立式（7-44）、式（7-47）和式（7-48）可得

$$D_2 = E_2 = -\frac{M_z}{\pi a^4} , \alpha = \frac{2M_z}{\pi a^4 G} \qquad (7-50)$$

将 A_1、B_1、C_1、D_2 和 E_2 代入应力函数 ϕ，并将 ϕ 代入式（7-37），则圆形截面弯扭耦合变形条件下的剪应力分布精确解为

$$\tau_{zx} = \frac{(2\mu+3)Q}{8(1+\mu)I_y}(a^2 - x^2 - \frac{1-2\mu}{3+2\mu}y^2) + 2\frac{Qe}{\pi a^4}y$$

$$\tau_{zy} = -\frac{(2\mu+1)Q}{4(1+\mu)I_y}xy - 2\frac{Qe}{\pi a^4}x \qquad (7-51)$$

根据式（7-20）计算梁截面剪切系数可得

$$\kappa = \frac{6(1+\mu)^2}{8\mu^2 + 14\mu + 7 + 12(1+\mu)^2 \dfrac{e^2}{a^2}} \qquad (7-52)$$

②椭圆形截面

按照①的方法可得椭圆形截面的剪应力分布精确解为

$$\tau_{zx} = \frac{2(\mu+1)a^2+b^2}{(1+\mu)(3a^2+b^2)}\frac{Q}{2I_y}\left(a^2-x^2-\frac{(1-2\mu)a^2}{2(1+\mu)a^2+b^2}y^2\right)+2\frac{Qe}{\pi ab^3}y$$

$$\tau_{zy} = -\frac{(1+\mu)a^2+\mu b^2}{(1+\mu)(3a^2+b^2)}\frac{Q}{I_y}xy-2\frac{Qe}{\pi a^3 b}x$$

$$(7-53)$$

根据式（7-20）计算梁截面剪切系数可得

$$\kappa = \frac{3(1+\mu)^2(3+m^2)^2}{2\left[\mu^2 m^6+m^4(5\mu^2+4\mu+2)+11(1+\mu)^2 m^2+15(1+\mu)^2\right]+3(1+\mu)^2(3+m^2)^2\frac{e^2}{a^2}(1+\frac{1}{m^2})}$$

$$(7-54)$$

③环形截面

按照①的方法可得环形截面的剪应力分布精确解为

$$\tau_{zx} = \frac{1}{8(1+\mu)}\frac{Q}{I_y}\Big[(2\mu-1)y^2+(3+2\mu)$$

$$(-x^2+a^2+b^2-a^2b^2\frac{x^2-y^2}{(x^2+y^2)^2})\Big]+2\frac{Qe}{\pi(a^4-b^4)}y$$

$$\tau_{zy} = -\frac{1}{4(1+\mu)}\frac{Q}{I_y}xy\Big[1+2\mu+(3+2\mu)\frac{a^2 b^2}{(x^2+y^2)^2}\Big]-2\frac{Qe}{\pi(a^4-b^4)}x$$

$$(7-55)$$

根据式（7-20）计算梁截面剪切系数可得

$$\kappa = \frac{24(1+m^2)^2(1+\mu)^2}{(m^2+1)^2(32\mu^2+56\mu+28)+m^2(76\mu^2+196\mu+107)+48\frac{e^2}{a^2}(1+m^2)(1+\mu)^2}$$

$$(7-56)$$

④薄壁圆环截面

令式（7-56）中 $m=1$，可得薄壁圆环截面的剪切系数

$$\kappa = \frac{96(1+\mu)^2}{204\mu^2+420\mu+219+96\frac{e^2}{a^2}(1+\mu)^2}\qquad(7-57)$$

7.2.1.3　小结

通过对比不同形状截面梁纯弯曲变形条件及弯扭耦合变形条件下的剪切系数可知，当梁端面的外力偏离截面的弯曲中心时，截面

的剪切系数将变小，且偏心距越大，剪切系数越小，各截面剪切系数表达式的分母中最后一项均与 e^2/a^2 成正比。

7.2.2　与 Cowper 解的比较

Cowper 于 1966 年给出了几种截面的剪切系数计算结果，他没有考虑外力偏心对剪切系数的影响，本书计算结果与 Cowper 计算结果的比较见表 7-1 和图 7-5～图 7-8。

表 7-1　各截面剪切系数计算结果与 Cowper 结果的比较

截面形状	Cowper 的解	本书的解
圆形	$\kappa = \dfrac{6(1+\mu)}{7+6\mu}$	7.2.1.2 节，（2）中的①
椭圆形	$\kappa = \dfrac{12(1+\mu)(3+m^2)}{\mu m^4 + (16+10\mu)m^2 + 40 + 37\mu}$ $m = b/a$	7.2.1.2 节，（2）中的②
圆环	$\kappa = \dfrac{6(1+\mu)(1+m^2)^2}{(7+6\mu)(1+m^2)^2 + (20+12\mu)m^2}$ $m = b/a$	7.2.1.2 节，（2）中的③
薄壁圆环	$\kappa = \dfrac{2(1+\mu)}{4+3\mu}$	7.2.1.2 节，（2）中的④

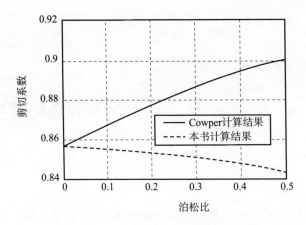

图 7-5　圆形截面剪切系数对比

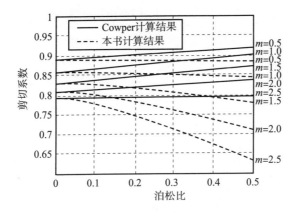

图 7 - 6　椭圆形截面剪切系数对比

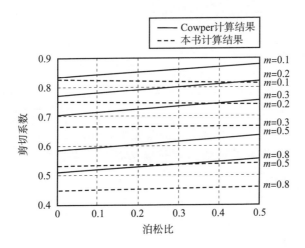

图 7 - 7　环形截面剪切系数对比

由比较结果可知，对于圆形及椭圆形截面，当泊松比 $\mu = 0$ 时，Cowper 的计算结果与本书相同，但随着 μ 的增大，Cowper 的计算结果逐渐增大，而本书的计算结果逐渐减小；对于环形截面和薄壁圆环截面，Cowper 的计算结果也均比本书计算结果大，其原因是 Cowper 在定义梁的挠度和转角时没有考虑与外力垂直的剪应力 τ_{zy} 的影响，由式（7 - 20）可知，忽略 τ_{zy} 将使剪切系数增大，因此本书各截面的剪切系数计算结果均比 Cowper 的解小。

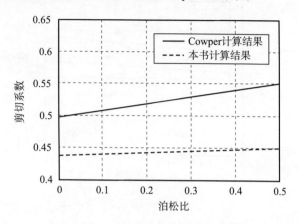

图 7-8　薄壁圆环截面剪切系数对比

7.2.3　小结

本节基于能量原理，采用悬臂梁剪应力分布的精确解计算了梁截面的剪切系数，得出以下结论：

1）梁端面的外力偏离截面的弯曲中心时，梁将发生弯扭耦合变形，本节给出了梁发生弯扭耦合变形条件下截面剪应力分布的精确解。

2）与纯弯曲变形相比，弯扭耦合变形条件下截面的剪切系数将变小，且偏心距越大，剪切系数越小，各截面剪切系数表达式分母中偏心距的影响项均与 e^2/a^2 成正比。

3）本节得出的各截面剪切系数均比 Cowper 的解小，其原因是 Cowper 在定义梁的挠度和转角时没有考虑与外力垂直的剪应力 τ_{zy} 的影响，因此本书的解更优越。

4）本节研究了梁发生静变形条件下截面的剪切系数，考虑了与外力垂直的剪应力 τ_{zy} 及外力偏离弯曲中心的距离的影响，但没有考虑惯性力的影响。

7.3　活动式连接结构模态试验

导弹结构由弹头和弹体两部分组成,若弹头和弹体之间采用活动式连接方式进行连接,将给连接刚度带来不确定因素。活动式连接一般都存在一定的间隙,以往的理论和经验[15-18]表明,这种带有间隙的结构刚度将随着连接方式不同而不同,其刚度特性从本质上而言是非线性的。然而在控制系统的设计当中,为了简化设计,要把这种非线性进行线性等效。

另外,导弹在飞行当中承受着各种各样的载荷,这些载荷作用到弹体上使连接间隙发生变化,从而影响连接刚度和动特性。而在以往的导弹全弹模态试验当中,几乎不考虑这些载荷因素对刚度的影响。但当间隙部位的刚度对结构的整体动特性影响较严重时,这种影响是不可忽视的,必须加以考虑。除了载荷因素,影响间隙刚度的另一个因素就是振动的幅值。对于某些连接刚度占主要地位的结构,振动幅值同样是不容忽视的一个因素。

当导弹弹头和弹体刚度较大,而中间采用活动式连接时,存在刚度随载荷变化的情况。在导弹研制过程中,需要考虑载荷对刚度的影响。为了考察和评定载荷对全弹动特性的影响,这里介绍了一种新的模态试验技术途径——加载试验技术,即在全弹模态试验中,模拟外界载荷工况,考察载荷对全弹动特性的影响[19]。为了研究不同振动量级对连接结构等效刚度的影响,试验时采用不同的振动量级进行加载。采用这两种试验方式,可以全面考察全弹动特性随外载荷和振动量级的变化情况,从而对导弹连接方式设计的合理性进行评估,也为稳定系统设计提供依据。

7.3.1　连接刚度因素分析与载荷施加方案

如前所述,为了考察外界载荷对全弹动特性的影响,在全弹模态试验时需要施加实际载荷。然而实际的载荷工况比较复杂,形式也多种多样，要在试验中完全真实地模拟飞行工况难以实现。因此，必须具体问题具体分析，根据结构的特点，找到影响连接结构刚度的主要因素，结合试验具体实施的可行性，提取典型的载荷因素，设计加载方案，对载荷引起的刚度变化及动特性变化进行考察。

7.3.2　连接结构刚度影响因素分析

图 7 - 9 给出典型导弹结构组成，其由前段的头部、中间的连接舱和仪器舱、后段的发动机组成。从结构上分析，连接舱与仪器舱把发动机和头部连接起来。前段的头部和后段的发动机比较刚硬，相对而言，中间的连接舱段结构刚度较弱，因此该段是决定全弹动特性的主要因素。而头部与连接舱为了分离的需要，采用活动式四点卡式连接，其连接刚度又是连接部段的主要影响因素，对结构的动特性起到至关重要的作用。卡式连接刚度决定于接触部位的接触状况，决定于导弹外界施加的载荷。

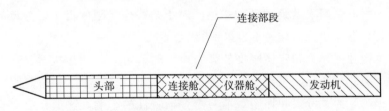

图 7 - 9　导弹结构示意图

另外，由于连接部位存在接触，连接舱的刚度可能表现为高度的非线性特征，在不同的振动量级下可能表现出不同的刚度，因此需要给出动特性随不同的振动量级的变化趋势和范围。

7.3.3　载荷施加方案

从以上分析当中可知，由于连接舱这种结构的特殊性，其刚度可能随飞行当中承受的不同载荷而发生变化。如果这种情况发生，就会对导弹的动特性产生影响，进而影响飞行控制，因此在试验过程中采用加载试验方法。

　　连接舱在飞行过程中受到来自于外界的气动载荷和本身的过载，截面将受到轴向力、剪力和弯矩的共同作用。且这些力随着时间的不同将有不同的组合方式，大小也不断地发生变化。要想真实地模拟实际的载荷是比较困难的，只能通过对典型载荷和极限载荷的模拟，找到各种载荷对整体结构动特性的影响趋势和变化范围。通过动特性的变化趋势和变化范围，给出结构动特性可能的范围和极限状况，从而评定连接结构设计的可行性并且为稳定系统的设计提供依据。

　　由于连接舱和头部的连接方式是沿圆周方向四点卡式连接，剪力的作用对接触部位的接触面影响很小。另外剪力对四个点而言，一个点的接触面积增大意味着对面点的接触面积减小，其总的影响是相互抵消，因此试验中不考虑剪力对结构动特性的影响，只研究轴向力和弯矩对连接舱刚度的影响。

　　为了研究轴向力和弯矩对连接舱刚度的影响，对飞行过程中主要连接舱截面经历的载荷最大值进行了统计，给出了连接部段载荷的最大值为：

　　最大拉力：3 000 N

　　最大轴向力：12 000 N

　　最大弯矩：6 000 N·m

　　对每一具体截面联合施加不同的载荷实施起来比较困难，为了实施简便，也为了研究不同载荷对连接舱刚度的不同影响，采取单独施加载荷的方法。考虑飞行截面载荷的压力远远大于拉力，因此，在施加载荷时不考虑拉力，仅考虑压力和弯矩。为了考察载荷对连接刚度的影响，采用逐级加载方式，两种加载方式分别为：

　　1）导弹整体加压，压力级别为最大轴向力的 1%、30%、60%、100%；

　　2）连接部段加纯弯矩，级别为最大弯矩的 1%、30%、60%、100%。

　　为了实施载荷的施加，试验当中专门设计了施加载荷装置，图

7-10给出了连接舱和仪器舱组合体施加纵向载荷的示意图。图7-
11给出了连接舱和仪器舱组合体施加纯弯矩载荷的示意图。弹体处
于水平悬吊状态。对于纵向加载状态，直接采用测力计控制载荷的
施加大小。对于纯弯矩施加状态，用橡皮绳-测力计-拉紧装置在弹
体的水平方向施加4个侧向拉力，拉力值由测力计控制，使 $F_1 \times L_1$
$= F_2 \times L_2$，则连接舱和仪器舱产生纯弯矩 $F_1 \times L_1$。

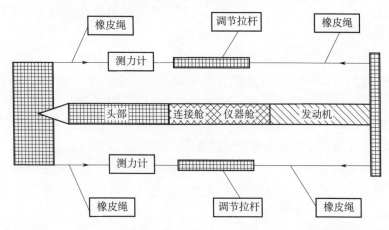

图 7-10　连接舱和仪器舱组合体纵向加载示意图

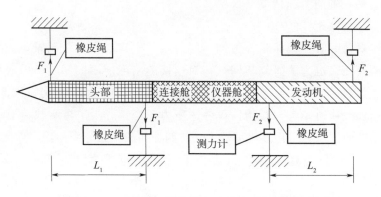

图 7-11　连接舱和仪器舱组合体弯矩加载示意图

橡皮绳的作用是使试件不因施加力而产生附加刚度，保证试件处

于自由边界状态。其校核方法是保证施力状态下的刚体频率，使其小于全弹弹性振动频率的 1/6。横向施力装置带来的附加质量仅为与试件相连的橡皮绳之前的质量部分，这部分质量与试件相比很小，可以忽略不计。对于纵向施力装置，两端带来的附加质量不能忽略，但这一附加质量并不影响考察不同载荷对动特性影响这一目的的实现。

7.3.4　试验方法与结果分析

试验采用传统的正弦调谐方法，在试件施加各种载荷情况下，调谐纯模态并测量模态参数。为了考察结构的动特性随不同振动量级的变化情况，对于每一种载荷级别，调谐时采用不同量级的激振力。试验结果在表 7-2～表 7-4 中给出，图 7-12～图 7-14 以曲线的方式给出表 7-2～表 7-4 的结果，使其更加直观。

表 7-2　模态频率随弯矩加载和激振力的变化情况 （Hz）

激振力/N	载荷水平2%	载荷水平4%	载荷水平8%	载荷水平30%	载荷水平60%
5	38.54	38.96	39.39	40.68	40.68
20	38.37	38.52	38.84	40.17	40.23
40	37.91	38.15	38.66	39.81	39.90
80	37.35	37.44	38.12	39.27	39.47
120	36.71	36.75	37.53	38.84	38.97

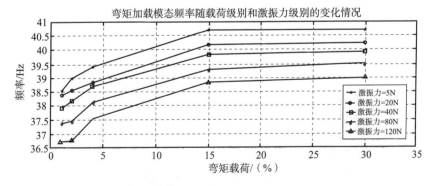

图 7-12　模态频率随弯矩加载和激振力的变化情况

表 7-3 模态阻尼比随弯矩加载和激振力的变化情况 （%）

激振力/N	载何水平2%	载荷水平4%	载荷水平8%	载荷水平30%	载荷水平60%
5	1.89	2.36	1.80	1.61	1.35
20	2.38	2.18	2.13	1.65	1.32
40	2.48	2.03	3.25	1.98	1.72
80	2.70	3.12	3.69	2.44	1.98
120	3.04	3.58	3.63	2.63	2.24

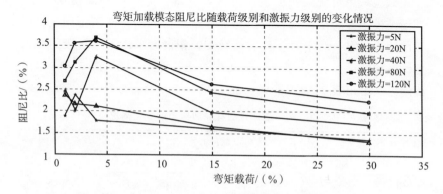

图 7-13 模态阻尼比随弯矩加载和激振力的变化情况

表 7-4 模态频率随纵向加载和激振力的变化情况 （Hz）

激振力（N）	载荷水平2%	载荷水平4%	载荷水平8%	载荷水平30%
5	41.04	41.01	41.06	40.67
20	40.35	40.38	40.61	40.52
40	39.86	39.87	40.23	40.56
80	39.11	39.29	39.72	39.89
120	38.69	38.70	39.21	39.38

　　分析以上试验结果，可以从中得到如下几条基本规律，这里对这些规律在原理上进行解释：

　　1）从频率和阻尼比随弯矩加载变化曲线可看出，随着载荷级别的增加，模态频率呈现上升趋势，开始上升较快，到后来逐渐平缓，

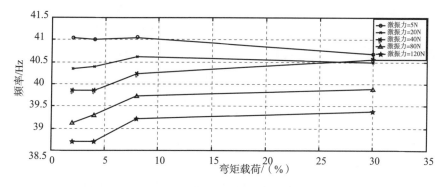

图 7-14 模态频率随纵向加载和激振力的变化情况

而阻尼呈现下降趋势。这是因为随着载荷的增加，连接间隙被压紧，接触刚度加大，导致模态频率增加。阻尼主要来源于接触部位的摩擦，随着间隙的压紧，摩擦作用降低，导致阻尼下降。当载荷增加到一定量级时，间隙的大部分被压紧，刚度和阻尼的变化趋于平缓。

2）从频率和阻尼比随纵向加载变化曲线可以看出，频率和阻尼变化的基本趋势与弯矩加载相同，不同的是当激振量级增加时，频率随载荷的增加先升后降，这可以解释为频率受两个相反的因素影响：一是梁结构随着纵向预压力的增加，横向频率是下降的；二是间隙结构随着压力的增加刚度变大。两个因素的同时作用结果，导致了频率升降变化。

3）随着激振力的增加，模态频率呈现下降趋势，但总的下降幅度较小。这符合一般模态试验的规律，因为结构存在着轻微的非线性，大量的模态试验结果表明，非接触结构仍然存在着这种非线性，因而这一规律与间隙结构无关。

4）随着激振力的增加，模态阻尼比呈现快速上升的趋势。这仍然可以解释为阻尼主要来源于接触部位的摩擦，随着振动量级的增加，这种摩擦成分逐渐占主导地位，导致阻尼增大。

7.3.5 小结

针对活动式连接结构，本节主要研究了外载荷对其模态的影响，通过分析得出以下结论：

1）间隙的存在对结构动力学特性参数的影响是不容忽视的，在工程上，载荷和振动量级对动力学特性参数的影响应该予以考虑。尤其是某些间隙结构占比较主要地位的导弹结构，间隙的存在可以造成结构较大的非线性，其动特性参数就会随着外载荷和振动量级的不同存在较大的变化范围，甚至造成不确定性。如本节研究的导弹，模态频率变化范围可以达到 10%，而阻尼的变化范围可以达到 100%，这在控制系统设计当中是不容忽视的。

2）采用本节介绍的载荷模拟加载试验方法，可以很好地解决带有连接结构的导弹全弹动特性的非线性问题，给出动特性参数随载荷和振动量级变化的范围，为后续的控制系统设计或结构的改进提供依据。

7.4　工作模态识别

在战术导弹动特性设计时，一般采用理论计算和模态试验相结合的方法，但理论计算和地面试验均无法完全模拟飞行的状态，如外部的气动力和发动机的推力等。因此，通过工作模态辨识技术的研究，研究战术导弹结构模态参数天地差异，通过工作模态辨识结果指导其动特性设计，对于动载荷设计、姿控设计、天地差异研究和系统优化设计均有非常重要的意义。

7.4.1　工作模态发展现状

工作模态分析技术是近年来振动工程领域的一个研究热点[20]，被视为是结构动态分析的一个新的发展方向。这一技术在机械、航空、桥梁等领域的实际应用中已经取得了一些很好的成果。

试验模态分析可以分为传统的模态分析和工作模态分析，传统的模态分析必须要知道系统的输入信号以及响应信号，然后运用数字信号处理技术求得系统的传递函数，经过参数辨识得到结构的模态参数。这种方法必须得到系统的输入、输出数据，而工作模态分析则只是基于系统的响应数据进行模态参数辨识的，这种方法相对于传统的模态试验有很多优点：

1）无须对结构实施人工激励，直接利用在环境激励作用下测量得到的振动响应数据就可进行模态参数辨识，而且能满足结构的实际边界条件。

2）节省时间和费用。由于不需要人工激励，大大节省了测试时间、设备和费用。

3）安全性好。无论对于大型结构还是小型结构，实施人工激励都有使结构产生局部损伤的可能，工作模态辨识则不存在这种可能性。

4）反映结构在实际工作条件下的动态特性。传统模态分析方法只反映静态特性，而有些结构工作时的模态参数和静态时的模态参数可能相差较大。

5）不影响结构的正常工作。由于环境激励下的模态参数辨识方法仅需测试系统的响应，这就可以在不影响被测结构正常工作的情况下进行，而传统的模态分析方法则必须中断其正常工作。

6）能进行结构模态参数的在线识别。

7）识别出的模态模型可以用于控制系统模型修正。由于振动中的采样信号是在实际工作中获取的，模型和系统工作时的情况相吻合，利用工作中的振动响应数据识别出的模态模型可以用于控制模型的修正。

8）为基于振动模态参数的在线损伤诊断创造条件。任何结构都可以看作是由刚度、质量、阻尼矩阵组成的动力学系统，结构一旦出现损伤，结构参数也随之发生改变，从而导致系统模态参数的改变，结构模态参数的改变可用于判断结构是否发生损伤。

工作模态辨识的理论和思想在 20 世纪 70 年代初期就出现了，经过几十年的发展，形成了多种模态辨识的方法，按识别域分为：时域辨识法、频域辨识法以及联合时频辨识法。按信号的测取方法分为：单输入多输出法和多输入多输出法。按激励信号分：平稳随机激励和非平稳随机激励法。按识别方法可分为：时间序列法、峰值拾取法、随机减量法、环境激励法以及随机子空间法等。目前工作模态参数识别方法研究较多的是基于输出信号的时域参数识别方法，也有部分学者研究频域和时频域的分析法[21-22]。

　　工作模态分析研究最早可以追溯到 1968 年 Cole 的单阶模态测试的随机减量法[23]。1973 年 Ibrahim 提出了一种参数识别的方法，该方法仅利用时域信号即可进行识别工作，经多年的不断完善形成了独具一格的 Ibrahim 时域法（ITD 法）。该方法的特点是能够在激励信号未知的条件下，直接使用输出响应的时域信号进行模态参数识别，识别时无须将测试的响应信号进行不同域的变化，避免由不同域变化而引起的信号截断误差，但这种方法对噪声比较敏感。1976 年 Box 与 Jellkins 详细论述了用于时域参数识别的时序分析方法，该方法利用能反映系统特性的一组有序的按时间排列的数据，通过建立描述这些数据规律的自回归模型或自回归滑动模型来识别模态参数，其优点是无能量泄漏、分辨率高、计算速度快，但这种方法仅适用于白噪声激励场合，实际应用中模型的定阶比较困难。1983 年 Metgeay 提出了单参考点复指数法[24]，其核心是最小二乘估计，后来 Leuridan 和 Vold 进一步发展了多参考点复指数法（PRCE），该方法同时利用所有响应点的数据进行分析，与单参考点复指数法相比扩大了参数识别的信息量，使识别的参数具有整体的统一性，对虚假模态具有比较强的辨识能力，提高了模态的识别精度，但该方法运算量比较大。1984 年 Pappa 发表了特征系数实现法的专著，该方法利用了线性系统的状态方程和系统最小实现理论，属于多输入多输出的模态参数辨识方法，通过构造 Hankel 矩阵，利用奇异值分解技术，确定状态方程的系统矩阵和输入、输出矩阵，构成最小阶的系统实现，通过求解得到系统的模态参数。

　　20 世纪 90 年代以后，随着测试技术、信号分析技术和计算机技术的发展，模态参数辨识理论应用研究获得很大进展。美国 SADIA

国家实验室的 James 和 Carne[25]在 1995 年证明了系统脉冲响应函数
与白噪声激励时两点之间的响应互相关函数有相似的表达式，从而
将运用脉冲响应函数进行参数辨识扩展到应用相关函数进行参数识
别，这就是自然激励技术（NExT）方法，将该方法用于高速汽轮机
叶片工作状态固有频率和阻尼比的识别，并进一步提出了利用互相
关函数识别模态参数的 NExT 技术，经过实验验证，运用该技术的
结果和脉冲激励下的结果差异较小。

　　国内在模态参数识别领域的理论和应用研究中也取得了较多的
成果[26-28]，其中练继建等[29]对基于熵降噪的水工结构振动模态特征
系统实现算法（Eigensystem Realization Algorithm，ERA）进行了
研究。刘兴汉等[30]对改进的随机子空间法进行了研究。于开平等[31]
用小波分析方法对结构系统的脉冲响应函数进行小波变换，利用小
波变换的幅值、相位与阻尼比、频率的关系进行参数辨识。

7.4.2　模态参数识别方法介绍

　　人们已经提出了多种环境激励下模态参数识别的方法，主要有：
ERA 法、ARMA 法和随机子空间法等。下面介绍目前常用的几种
模态参数识别方法。

7.4.2.1　ERA 法

　　ERA 法属于一种多输入多输出的时域整体模态参数辨识方法。
首先由美国国家航空航天局（NASA）所属的 Langley 研究中心于
1984 年提出。该方法源于控制论中 Ho - Kalman 的最小实现理论，
只需很短的自由响应数据识别参数，并且识别速度快，对低频、密
频、重频有很强的识别能力，更重要的是能得到系统的最小实现，
便于控制应用，目前在国外航空航天领域应用广泛。ERA 算法的原
理是：利用实测的脉冲响应数据或自由响应数据来构造 Hankel 矩
阵，采用奇异值分解的方法，求得系统的特征值与特征向量，从而
求得模态参数。该方法由于使用了现代控制理论中的最小实现原理，
使得计算量大大减小，有很好的精度，是目前最完善、最先进的模

态参数辨识方法之一。

对于 n 维线性系统，当采用位移或速度传感器测量振动系统响应时，振动方程用向量可表示为

$$\begin{cases} \dot{\boldsymbol{Y}}(t) = \boldsymbol{A}\boldsymbol{Y}(t) + \boldsymbol{B}\boldsymbol{F}(t) \\ \boldsymbol{Z}(t) = \boldsymbol{G}_1\boldsymbol{Y}(t) \end{cases} \quad (7-58)$$

式中，$\boldsymbol{A}$、$\boldsymbol{B}$、$\boldsymbol{G}$ 分别为系统矩阵，控制矩阵和观测矩阵。假设激励点数是 L，测量响应点数是 M，则 $\boldsymbol{B}$ 的阶数是 $(2n \times L)$ 阶，激励列阵 $\boldsymbol{F}(t)$ 的阶数为 L，输出向量 $\boldsymbol{Z}$ 为 M 阶列阵。

工程实际中，一般将连续系统进行时间离散处理，其状态方程为

$$\boldsymbol{y}(k+1) = \boldsymbol{A}_1\boldsymbol{y}(k) + \boldsymbol{B}_1\boldsymbol{f}(k)$$
$$\boldsymbol{z}(k+1) = \boldsymbol{G}_1\boldsymbol{y}(k+1) \quad (7-59)$$

式中

$$\boldsymbol{A}_1 = e^{\boldsymbol{A}\Delta t} \ (2n \times 2n); \quad \boldsymbol{B}_1 = (\int_0^T e^{\boldsymbol{A}s}ds)\boldsymbol{B} \quad (2n \times L)$$

$$(7-60)$$

当振动系统响应采用加速度传感器测量时，振动方程用向量可表示为

$$\begin{cases} \ddot{\boldsymbol{y}}(t) = \boldsymbol{A}\dot{\boldsymbol{y}}(t) + \boldsymbol{B}\boldsymbol{f}(t) \\ \boldsymbol{z}(t) = \boldsymbol{G}\dot{\boldsymbol{y}}(t) \end{cases}$$

假定当 $t = t_0$ 时初始条件为 $\boldsymbol{y}_0$，则上式的解可以写为

$$\dot{\boldsymbol{y}}(t) = \boldsymbol{A}\left[e^{\boldsymbol{A}(t-t_0)}\boldsymbol{y}(t_0) + \int_{t_0}^t e^{\boldsymbol{A}(t-\tau)}\boldsymbol{B}\boldsymbol{f}(\tau)d\tau\right] + \boldsymbol{B}\boldsymbol{f}(t) \quad (7-61)$$

设离散时间点为 $k = 0,1,2,\cdots$，采样时间间隔为 Δt，则 $t = t_0 + k\Delta t$，所以由式（7-61）得

$$\dot{y}(k\Delta t) = A\left[e^{Ak\Delta t}y(t_0) + \int_{t_0}^{t_0+k\Delta t}e^{A(t_0+k\Delta t-\tau)}Bf(\tau)d\tau\right] + Bf(k\Delta t)$$

$$\dot{y}[(k+1)\Delta t] = A\left[e^{A(k+1)\Delta t}y(t_0) + \int_{t_0}^{t_0+(k+1)\Delta t}e^{A[t_0+(k+1)\Delta t-\tau]}Bf(\tau)d\tau\right] +$$

$$Bf[(k+1)\Delta t]$$

$$= A\left[e^{A\Delta t}e^{Ak\Delta t}y(t_0) + e^{A\Delta t}\int_{t_0}^{t_0+k\Delta t}e^{A(t_0+k\Delta t-\tau)}Bf(\tau)d\tau + \right.$$

$$\left.\int_{k\Delta t}^{(k+1)\Delta t}e^{A[t_0+(k+1)\Delta t-\tau]}Bf(\tau)d\tau\right] + Bf[(k+1)\Delta t]$$

$$= A\left[e^{A\Delta t}y(k\Delta t) + \int_0^T e^{As}dsBf(s)\right] + Bf[(k+1)\Delta t]$$

$$= Ae^{A\Delta t}y(k\Delta t) + A\int_0^T e^{As}dsBf(s) + Bf[(k+1)\Delta t]$$

$$(7-62)$$

由零阶保持器的性质，在一个采样间隔内保持采样值不变，由此可得

$$\dot{y}[(k+1)\Delta t] = Ae^{A\Delta t}y(k\Delta t) + A\int_0^T e^{As}dsBf(k\Delta t) + Bf[(k+1)\Delta t]$$

简记 $k\Delta t$ 为 k，因此，连续系统以加速度表示输出的离散形式为

$$\dot{y}(k+1) = A_2y(k) + B_2f(k) + Bf(k+1) \qquad (7-63)$$

$$z(k+1) = G\dot{y}(k+1) \qquad (7-64)$$

式中

$$A_2 = Ae^{A\Delta t} \quad (2n\times 2n)\,; \qquad B_2 = A\left(\int_0^T e^{As}ds\right)B \quad (2n\times L)$$

$$(7-65)$$

Z 变换形式的传递函数为

$$H(z) = \sum_{k=0}^{\infty}h(k)z^{-k} \qquad (7-66)$$

对式（7-60）、式（7-63）和式（7-64）进行 Z 变换，并考虑 Z 变换的时移性质，则可得

$$zY(z) = A_1 Y(z) + B_1 F(z) \qquad (7-67)$$

$$zZ(z) = G(A_2 Y(z) + B_2 F(z) + BzF(z)) \qquad (7-68)$$

由式（7-67）得

$$Y(z) = (zI - A_1)^{-1} B_1 F(z)$$

代入式（7-68），整理可得

$$Z(z) = (GA_2 z^{-2} (I - z^{-1} A_1)^{-1} B_1 + z^{-1} GB_2 + GB)F(z)$$

$$(7-69)$$

从而得传递函数

$$H(z) = z^{-2} GA_2 (I - z^{-1} A_1)^{-1} B_1 + z^{-1} GB_2 + GB \qquad (7-70)$$

由于

$$(I - z^{-1} A_1)^{-1} = \sum_{k=0}^{\infty} (z^{-1} A_1)^k = \sum_{k=0}^{\infty} z^{-k} A_1^k$$

所以

$$H(z) = GA \sum_{k=0}^{\infty} z^{-k-2} A_1^{k+1} B_1 + z^{-1} GB_1 + GB$$

$$= \sum_{k=2}^{\infty} GA z^{-k} A_1^{k-1} B_1 + z^{-1} GB_1 + GB$$

$$= \sum_{k=1}^{\infty} GA z^{-k} A_1^{k-1} B_1 + GB$$

与式（7-66）比较，有

$$h(0) = GB; h(k) = GA A_1^{k-1} B_1 \qquad (7-71)$$

构造 Hankel 矩阵

$$H(k-1) = \begin{bmatrix} h(k) & h(k+1) & \cdots & h(k+\beta-1) \\ h(k+1) & h(k+2) & \cdots & h(k+\beta) \\ \vdots & \vdots & \ddots & \vdots \\ h(k+\alpha-1) & h(k+\alpha) & \cdots & h(k+\alpha+\beta-2) \end{bmatrix}$$

$$(7-72)$$

将式（7-71）代入式（7-72），整理得

$$H(k-1) = P A_1^{k-1} Q \qquad (7-73)$$

式中，$\boldsymbol{P} = [\,\boldsymbol{GA}\quad \boldsymbol{GA}\,\boldsymbol{A}_1\quad \cdots \quad \boldsymbol{GA}\,\boldsymbol{A}_1^{\alpha-1}\,]^{\mathrm{T}}$，$\boldsymbol{Q} = [\,\boldsymbol{B}_1\quad \boldsymbol{A}_1\,\boldsymbol{B}_1\quad \cdots \quad \boldsymbol{A}_1^{\beta-1}\,\boldsymbol{B}_1\,]$，$\alpha$、$\beta$ 分别为能观、能控指数。

在式（7-73）中，令 $k = 1$，对 $\boldsymbol{H}(0)$ 做奇异值分解

$$\boldsymbol{H}(0) = \boldsymbol{U}\boldsymbol{\Sigma}\,\boldsymbol{V}^{\mathrm{T}} \tag{7-74}$$

由式（7-72）知 $\boldsymbol{h}(k+1) = \boldsymbol{E}_M^{\mathrm{T}}\boldsymbol{H}(k)\,\boldsymbol{E}_L$，可推导出

$$\boldsymbol{h}(k+1) = \boldsymbol{E}_M^{\mathrm{T}}\boldsymbol{U}\,\boldsymbol{\Sigma}^{1/2}\,(\boldsymbol{\Sigma}^{-1/2}\,\boldsymbol{U}^{\mathrm{T}}\boldsymbol{H}(1)\,\boldsymbol{\Sigma}^{-1/2})\,\boldsymbol{\Sigma}^{1/2}\,\boldsymbol{V}^{\mathrm{T}}\,\boldsymbol{E}_L \tag{7-75}$$

式中 $\boldsymbol{E}_M^{\mathrm{T}} = [\,\boldsymbol{I}_M,\boldsymbol{0}_M,\cdots,\boldsymbol{0}_M\,]$，$\boldsymbol{E}_L = [\,\boldsymbol{I}_L,\boldsymbol{0}_L,\cdots,\boldsymbol{0}_L\,]^{\mathrm{T}}$。

与式（7-71）比较，有 $\boldsymbol{A}_1 = \boldsymbol{\Sigma}^{-1/2}\,\boldsymbol{U}^{\mathrm{T}}\boldsymbol{H}(1)\,\boldsymbol{\Sigma}^{-1/2}$，$\boldsymbol{B}_1 = \boldsymbol{\Sigma}^{1/2}\,\boldsymbol{V}^{\mathrm{T}}\boldsymbol{E}_L$，$\boldsymbol{GA} = \boldsymbol{E}_M^{\mathrm{T}}\boldsymbol{U}\,\boldsymbol{\Sigma}^{1/2}$。

设系统矩阵 $\boldsymbol{A}$ 的特征值矩阵（谱矩阵）为 $\boldsymbol{\Lambda}$，特征矢量矩阵为 $\boldsymbol{\psi}$，则有

$$\boldsymbol{\psi}^{-1}\boldsymbol{A}\boldsymbol{\psi} = \boldsymbol{\Lambda} \tag{7-76}$$

将式（7-76）代入式（7-61），由指数矩阵的性质有

$$\boldsymbol{A}_1 = \mathrm{e}^{\boldsymbol{\psi}\boldsymbol{\Lambda}\boldsymbol{\psi}^{-1}\Delta t} = \boldsymbol{\psi}\mathrm{e}^{\boldsymbol{\Lambda}\Delta t}\,\boldsymbol{\psi}^{-1}，即 \boldsymbol{\psi}^{-1}\,\boldsymbol{A}_1\,\boldsymbol{\psi} = \mathrm{e}^{\boldsymbol{\Lambda}\Delta t}$$

从而知 $\boldsymbol{A}_1$ 的特征向量与 $\boldsymbol{A}$ 的相同，$\boldsymbol{A}_1$ 的特征值矩阵为

$$\boldsymbol{Z} = \mathrm{e}^{\boldsymbol{\Lambda}\Delta t} = \mathrm{diag}(z_1,z_2,\cdots,z_{2n})$$

式中，$\boldsymbol{Z}$ 的对角矩阵元素为 $z_i = \mathrm{e}^{\lambda_i \Delta t}$，$i = 1,2,\cdots,2n$；$\boldsymbol{A}$ 的特征值矩阵为 $\boldsymbol{\Lambda} = \mathrm{diag}(\lambda_1,\lambda_2,\cdots,\lambda_{2n})$，且

$$\lambda_i = \frac{1}{\Delta t}\ln z_i \quad (i = 1,2,\cdots,2n) \tag{7-77}$$

由此可确定各个模态振动的固有频率、阻尼比和模态矩阵

固有频率　　　　$\omega_i = \dfrac{1}{2\pi}\sqrt{(\lambda_i^{\,\mathrm{Re}})^2 + (\lambda_i^{\,\mathrm{Im}})^2}$

阻尼比　　　　　$\xi_i = \dfrac{\mathrm{Re}(\lambda_i)}{w_i}$

模态矩阵　　　　$\boldsymbol{\Phi} = \boldsymbol{G}\boldsymbol{\psi}$

7.4.2.2　ARMA 模型时间序列分析法

ARMA 模型时间序列分析法简称为时序分析法，是一种利用参

数模型对有序随机振动响应数据进行处理，从而进行模态参数识别的方法。参数模型包括 AR 自回归模型、MA 滑动平均模型和 ARMA 自回归滑动平均模型。1969 年 Akaike H 首次利用自回归滑动平均 ARMA 模型进行了白噪声激励下的模态参数识别。

对于自由度为 n 的线性系统建立时间序列模型 ARMA（p，q）

$$X_t - \sum_{i=1}^{p} \phi_i X_{t-i} = a_t - \sum_{j=1}^{q} \theta_j a_{t-j} \qquad (7-78)$$

上式表示响应数据序列 X_t 与历史值 X_{t-i} 的关系，p 为自回归模型的阶次；q 为滑动均值模型的阶次，ϕ_i、θ_j 分别表示待识别的自回归系数和滑动均值系数，a_t 表示白噪声激励。

为了方便起见，引入一个时移算子，令 $D^j X_t = X_{t-j}$，则上式可写为

$$X_t = (\theta(D)/\phi(D)) a_t \qquad (7-79)$$

式中的 $\theta(D)/\phi(D)$ 即为系统的脉冲响应函数，其拉氏变换即为传递函数。传递函数反映了系统的动力特性，其分母包含着系统特征频率 ω_r 及阻尼比 ξ_r，其分子含有系统振型参数。因此，可由 $\theta(D)$ 求出系统特征频率和阻尼比；可由 $\phi(D)$ 求出系统的振型。可见，时间序列法实质就是识别白噪声激励下时间序列模型的系数。模型系数的估算方法很多，主要的有迭代最优化方法和基于最小二乘原理的次最优化方法。

当 ϕ_i、θ_j 均不全为零时为 ARMA 模型，当 ϕ_i 全为零时为 AR 模型，当 θ_j 全为零时为 MA 模型。用时间序列模型进行参数识别无能量泄漏，分辨率高，但时序建模的关键问题是正确确定模型阶次，目前已有多种模型定阶的准则，但还没有一种是完全成熟的。因此，模型定阶仍是需要进一步研究的问题。

7.4.2.3　随机子空间法

随机子空间法（SSI）是基于线性系统离散状态空间方程的识别方法，适用于平稳激励。1995 年，Peeters B 等人首次提出基本原理：自由度为 n 的线性系统，其离散状态空间方程表示如下

$$x_{k+1} = A x_k + w_k$$
$$y_k = C x_k + v_k$$
(7 - 80)

式中　x_k —— n 维状态向量；

　　　y_k —— N 维输出向量；

　　　N ——响应点数；

　　　w_k ，v_k ——均值为零的输入和输出白噪声；

　　　A ，C —— $n \times n$ 阶状态矩阵和 $N \times N$ 阶输出矩阵，系统的特性
　　　　　完全由特征矩阵 A 的特征值和特征向量表示。

特征矩阵 A 的特征值分解如下

$$A = \boldsymbol{\Psi} \boldsymbol{\Lambda} \boldsymbol{\Psi}^{-1}$$
(7 - 81)

由 $\boldsymbol{\Lambda}$ 矩阵得到离散的特征值 λ_r 可用下式求得系统特征值 μ_r

$$\lambda_r = e^{\mu_r \Delta t} \Rightarrow \mu_r = \sigma_r + i\omega_r = 1/\Delta t \ln(\lambda_r)$$
(7 - 82)

这里，σ_r 是阻尼因子，ω_r 是第 r 阶模态有阻尼固有频率，阻尼比
ξ_r 由下式给出

$$\xi_r = -\frac{\sigma_r}{\sqrt{\sigma_r^2 + \omega_r^2}}$$
(7 - 83)

第 r 阶模态的振型 $\boldsymbol{\Phi}_r$ 是矩阵 $\boldsymbol{\Psi}$ 的系统特征向量 $\boldsymbol{\varphi}_r$ 的可观部分，
表示如下

$$\boldsymbol{\Phi}_r = C \boldsymbol{\varphi}_r$$
(7 - 84)

可见，只要求出 A ，C 便可进行模态参数识别，下面是利用输出
响应的相关函数和 Hankel 矩阵来求 A ，C ，相关函数 R_k 表示成下式

$$R_k = E (y_{k+m} \, y_m)^{\mathrm{T}}$$
(7 - 85)

用 R_k 相关矩阵建立 p 行和 q 列的 Hankel 矩阵（$p \geqslant q$）如下

$$H_{pq} = \begin{bmatrix} R_1 & R_2 & \cdots & R_q \\ R_2 & R_3 & \cdots & R_{q+1} \\ \vdots & \vdots & \ddots & \vdots \\ R_p & R_{p+1} & \cdots & R_{p+q-1} \end{bmatrix} = O_p \, C_q$$
(7 - 86)

式中，O_p ，C_q 分别是系统离散状态空间方程的 p 阶可观矩阵和 q 阶可
控矩阵，分别为

$$Q_q = [C \quad CA \quad \cdots \quad CA^{p-1}]^{\mathrm{T}} , C_q = [G \quad AG \quad \cdots \quad A^{q-1}G]$$

$$(7-87)$$

式中，$G = E(x_{k+1} y_k)^{\mathrm{T}}$，令 W_1、W_2 为加权矩阵，则有

$$W_1 H_{pq} W_2 = U_1 U_2 , \begin{bmatrix} S_1 & [0] \\ [0] & [0] \end{bmatrix} \begin{bmatrix} V_1^{\mathrm{T}} \\ V_2^{\mathrm{T}} \end{bmatrix} = U_1 S_1 V_1^{\mathrm{T}} \quad (7-88)$$

上式是对式（7-86）两边左乘 W_1 和右乘 W_2 后，对其进行奇异值分解的结果。另外有

$$W_1 H_{pq} W_2^{\mathrm{T}} = W O_p C_q W_2^{\mathrm{T}} \quad (7-89)$$

根据上面两方程有

$$O_p = W_1^{-1} U_1 S_1^{1/2} \quad (7-90)$$

从上面可知，由式（7-81）和式（7-84）可以求得特征矩阵 A, C，由此识别出系统模态参数。通过取不同的加权矩阵产生不同的识别方法，当加权矩阵为单位矩阵时就是 BR 法（Balanced Realization），根据能量观点选取加权矩阵就是 CVA 法（Canonical Variant Analysis）。随机子空间法适用于线性结构平稳激励下参数识别，对输出噪声有一定的抗干扰能力。但计算量大，具体是 Hankel 矩阵和状态空间方程的阶数选取，同时注意识别虚假模态。

7.4.3 飞行模态识别案例

根据战神 I - X（Ares I - X）火箭的飞行数据进行工作模态辨识[32]。由于飞行过程中推进剂质量的降低，火箭的动力学系统为非稳态，所以在进行模态参数识别时，通过短时稳态假设将系统简化为一系列短周期线性系统。这里运用一种基于自由衰减响应的时域模态识别方法，从一个非稳态动力学系统的飞行数据中识别模态参数。其中使用了选带时域分析技术以提高模态参数辨识的精度，通过研究发现根据系统自由衰减响应的时域识别方法可成功识别运载火箭的飞行模态。

7.4.3.1 火箭介绍

火箭的结构组成如图 7 - 15 所示，火箭全长 327 英尺，一级火

箭有 4 段可重复使用的固体火箭发动机，二级与模拟探月舱、发射中止系统连接。

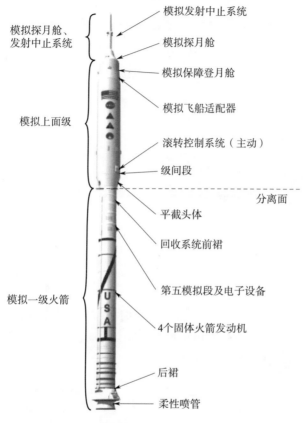

图 7-15　战神 I-X 飞行测试火箭

7.4.3.2　测试系统和初始数据分析

图 7-16 给出了测试加速度传感器布置图，由 58 个低频加速度传感器组成。所选择的加速度传感器均为 MEMS 类型的高灵敏度 DC 传感器，该传感器的采样频率大概在 325.5 Hz。分离面以下采用量程 100 g 和频带 0 Hz～1.5 kHz 的传感器，其他部位采用量程 30 g 和频带 0 Hz ～1.0 kHz 的传感器。

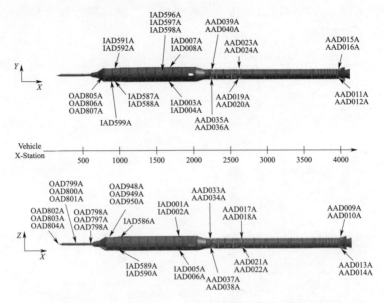

图 7-16 战神 Ⅰ-X 火箭飞行测试加速度传感器布置图

图 7-17 给出了典型实测数据的时域和时频分析曲线。其幅值采用响应最大值进行了归一化处理，时间采用最长时间归一化，运用线性内插方法移除直流电的偏差，运用 0.5～40 Hz 的带通滤波器对数据进行滤波以消除高频成分。

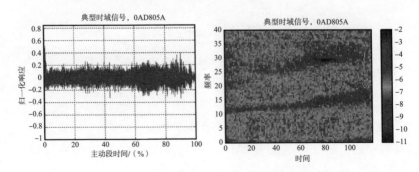

图 7-17 轴向实测数据及分析图

7.4.3.3　飞行模态识别

由于输入的激励力无从确定，所以将火箭飞行时随机响应处理为互相关函数，再来估计其自由衰减响应。通过 ERA 方法和选带时域分析技术从互相关函数中提取模态参数，下面以火箭横向和纵向模态为例，研究了其模态辨识的结果。由于火箭的质量因推进剂消耗而减小，因此使用一系列间隔 2.5 s、宽度 5 s 的滑动时间窗，来刻画第一级发动机工作的 120 s 过程。

首先，从实测数据中辨识了低阶模态频率和阻尼。表 7 - 5 列出了战神火箭飞行实测数据识别的模态参数，包括三阶横向弯曲模态（2~4 阶）和前两阶轴向模态。其中，没有辨识出第一阶弯曲模态（1.5~2.0 Hz），通过增大时间窗长度也未能识别出第一阶弯曲模态。分析后可得出以下结论：

1) 辨识的前提是假设系统在 5 s 内响应是稳定的，这个假设在识别低频模态时仍具有挑战性，数据的长度最有可能需要包含所需识别模态的 6~8 个周期。

2) 由于强迫激励不是白噪声，识别的模态阻尼可能较保守，这是因为强迫振动会降低互相关函数的对数衰减率。

表 7 - 5　根据战神火箭飞行数据识别的模态参数

模态	频率/Hz	阻尼比/（％）
1 阶弯曲	—	—
2 阶弯曲	3.96~4.68	—
3 阶弯曲	4.73~ 6.48	0.2~ 0.8
4 阶弯曲	7.36~ 12.0	0.25~ 0.8
1 阶轴向	11.4~18.2	0.2~ 1.0
2 阶轴向	29.0~ 29.4	0.05~ 0.3

其次，从实测数据中辨识了低阶模态振型。这里采用模态置信度判据（MAC）来判断飞行时的振型，以评价两个振型的独立性。图 7 - 18 给出了识别的轴向模态 MAC 图。图中的斜角线深色区域表

明第一阶轴向振型在起飞到一级耗尽前一致性都很好（MAC＞0.9）。

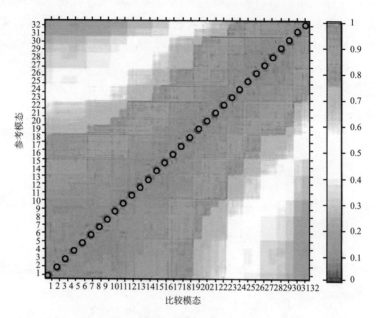

图 7-18　战神火箭飞行模态振型 MAC 值

7.4.4　小结

本节详细介绍了工作模态的含义、发展现状，以及工程中常用的辨识方法，最后通过战神火箭的案例详细分析了飞行器工作模态辨识工作。

7.5　轴向运动效应的影响

战术导弹轴向飞行速度高、过载大，轴向运动会改变导弹的横向模态、加剧弹体结构的横向振动，甚至发散，影响导弹的飞行稳定控制；对于吸气式高超声速飞行器，弹体横向振动还会影响发动机的进气量，从而影响推进系统的性能。因此，有必要开展战术导弹轴向运动效应的研究，考虑到其长细比较大，一般将其简化为轴向运动自由-自由梁模型。

7.5.1　研究现状

轴向运动体系的振动及其稳定性的研究在工程中有着重要的应用价值。这一类问题第一次由 Mote[33-34]在 20 世纪 60 年代发现，他对带锯以及轴向运动物体的振动特性进行了研究，探讨了影响结构稳定性的因素。在 20 世纪 70 年代，Simpson[35]对具有匀速轴向运动速度、两端支撑、固定长度梁的横向振动模态和频率以及稳定性进行了分析。Buffinton 和 Kane[36-37]在 1985 年研究了在支撑上的运动梁以及在转动基础上的伸展梁的动力学问题。90 年代后，Tadikonda 和 Baruh[38]以轴向运动悬臂梁模型研究了柔性梁穿出或收入滑槽时的动力学与控制问题。他们以自由端不带集中质量悬臂梁的振型函数代替自由端带有集中质量悬臂梁的振型函数以简化推导和计算过程，运用 Lagrange 方程建立了系统的运动方程，采用数值方法模拟计算了梁在伸展或收缩时的横向振动以及分散控制方法对梁的横向振动进行反馈控制的效果。结果表明，在不考虑摩擦和外力下，系统的能量守恒，且能量在横向振动和轴向运动之间的转换较强，横向振动对梁自由端的精确定位具有不可忽视的影响。Bedoor 和 Khulief[39]在小变形和低轴向速度假设下，在梁的运动方程中忽略了由轴向运动导致的附加项，得到了模型的近似方程，并且通过分离变量法进行求解。结果表明，在小变形和低轴向速度条件下，模态参数的近似解与精确解吻合很好。Fung 等[40]采用 Hamilton 原理推导了由滑槽内伸展出的梁的运动方程，他们对滑槽内、外的梁段运动分别考虑，分别建立了 Timoshenko 梁、Euler 梁、简单柔性梁、刚性梁四种模型对应的运动方程。到了 21 世纪，Zhu 等[41]采用扩展的 Hamilton 原理推导了含有控制力和力矩且自由端带有集中质量的轴向运动悬臂梁的运动方程。他们给出了一阶假设模态展开下伽辽金法近似解，研究了自由端的集中质量对结构动力学特性的影响，并且对比了伸展和回收时梁横向振动特性以及采用力和力矩进行控制的效果。研究结果发现，当梁伸出时，端部集中质量会使得结构的横向振动发散，而且会降低结构的固有频率。

　　前人在研究高超声速飞行器的结构动力学特性时，都是将其简化为自由-自由梁模型，只考虑飞行器的质量分布及刚度分布，再计算固有模态，并不考虑轴向运动效应。Williams 等[42]基于自由-自由的 Bernoulli – Euler 梁，计算了某型高超声速飞行器的固有模态，根据飞行器不同的飞行时段，调整了系统的质量分布，计算了各时刻结构的模态，并进行了比较。Culler 等[43]对高超声速飞行器进行建模时，不仅考虑了不同时刻飞行器质量的变化，而且考虑了气动加热时刚度的改变。Michael A. 和 Bolender 等[44]建立了一个非线性的，基于物理的吸气式高超声速飞行器的动力学模型。该模型是由最基本力学原理得到，考虑了推进系统、空气动力学、结构动力学之间复杂的相互作用。与普通飞行器不同的是，吸气式高超声速飞行器的推进系统需要与机身高度融合。由于高超声速飞行器一般是具有很低固有频率的非常轻巧而且柔性的结构，因此，机体的第一阶弯曲模态非常重要，它的变形影响发动机的进气量，从而影响推进系统的性能。接下来，使用拉格朗日方程得到飞行器的动力学方程，该运动方程包含了飞行器的俯仰和正常加速度之间的惯性耦合作用。最后，对模型进行线性化，结果表明存在一个短周期气动弹性模态，其频率是机身弯曲频率的两倍以上，而且该模态与机身弯曲模态耦合非常强烈。Ryan[45]着重研究了美国航空航天局战神运载火箭设计中固有振动挑战问题，重点讨论了设计主要结构载荷的过程。这里包括准稳态载荷和结构动力响应引起的动载荷。而这两个响应均主要是由突风载荷引起的低频模态响应和高频模态的冲击响应组成的。同时，结构动态模型也得到了验证。在此之后，陈述了设计中存在的三个独特的不稳定性因素，包括固体推进器推力振荡，液体火箭发动机涡轮泵转子动力学稳定性及响应。

　　王亮[46]针对两种轴向运动梁动力学模型进行了较深入研究。一种为轴向运动悬臂梁模型，对其横向振动动力学建模、振动控制方法和试验等进行了研究；另一种为轴向运动自由-自由梁模型，分析了其横向振动的动力学建模和稳定性，并研究了热效应对梁动力学特性影响以及金属热防护系统（MTPS）动力学建模等问题。其中以高超声速导弹为背景，研究轴向运动自由-自由梁的横向振动特性，并研究了外部带金属热防护系统的梁式结构的动力学建模，以及热模态计算的简化方法。

7.5.2 建模及稳定性研究

　　针对处于飞行状态的导弹或火箭结构，本节建立了轴向运动自由-自由梁模型，并详细研究了该类结构的动力学特性与稳定性影响因素。建模时，考虑了其轴向飞行的刚体运动，结构的线密度与抗弯刚度可自定义，结构中的有效载荷（如导弹的战斗部，火箭头部的卫星或者飞船等）由集中质量模拟，燃料等由附加单位长度密度模拟，发动机推力与阻力的合力作用由轴向力模拟。首先，运用 Hamilton 原理建立了任意截面形状，带集中质量的轴向运动自由-自由梁的横向振动的动力学模型；其次，分别研究了轴向运动效应对梁模型的动力学特性的影响；最后，对系统的稳定性展开研究，通过 Lyapunov 稳定性准则得到系统的指数一致稳定判据，并且详细研究了集中质量的放置位置和截面形状对结构稳定性的影响。

7.5.2.1 横向振动模型建立

　　图 7-19 所示为一任意截面的自由-自由 Euler - Bernoulli 梁，梁沿其轴线方向可运动。设梁长度为 l，在坐标 a 处连接一集中质量 m，在小扰动下梁在坐标 x 处的横向位移为 $y(x,t)$。梁的截面变化连续，面内抗弯刚度为 $EI(x)$，梁单位长度的质量密度为 $\rho(x)$，梁在轴向的刚体运动速度为 $v(t)$。此处不考虑梁轴向的伸缩变形。

　　轴向运动自由-自由梁模型的动能为

$$T = \frac{1}{2}\Big(\int_0^l \rho \mathrm{d}x + m\Big)v^2 + \frac{1}{2}\Big[\int_0^l \rho\,(y_t + vy_x)^2\,\mathrm{d}x\Big] + \frac{1}{2}m\Big[\frac{\mathrm{D}y(a,t)}{\mathrm{D}t}\Big]^2$$

$$(7-91)$$

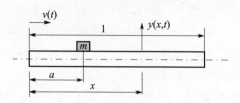

图 7 - 19　轴向运动自由-自由梁

式中，第一项是轴向运动梁轴向运动的动能，第二项为梁横向振动的动能与轴向运动在横向的分量的动能，第三项是附加集中质量的动能，而且有

$$\frac{D^2}{Dt^2} = \frac{\partial^2}{\partial t^2} + 2v\frac{\partial^2}{\partial xt} + v\frac{\partial^2}{\partial x^2} + \dot{v}\frac{\partial}{\partial x} \qquad (7-92)$$

轴向运动自由-自由梁模型的势能为

$$V = \frac{1}{2}\int_0^l \left[P(x)y_x{}^2 + EIy_{xx}{}^2 \right]\mathrm{d}x \qquad (7-93)$$

式中，第一项是轴向力作功，第二项与梁的本身的弹性有关。而且轴向力为

$$P(x) = -\int_x^l \rho\mathrm{d}x\dot{v} - mu(a-x)\dot{v} \qquad (7-94)$$

式中，$u(a-x)$ 为单位阶跃函数，有

$$u(a-x) = \begin{cases} 0, \text{当 } x > a \\ 1, \text{当 } x \leqslant a \end{cases} \qquad (7-95)$$

对式（7 - 91）和式（7 - 93）取变分，代入 Hamilton 公式

$$\delta\left[\int_{t_1}^{t_2}(T-V)\mathrm{d}t\right] = 0 \qquad (7-96)$$

整理并利用连续性条件得到

$$m\frac{D^2y(a,t)}{Dt^2} = EI_xy_{xx}(a^-,t) + EIy_{xxx}(a^-,t) -$$

$$EI_xy_{xx}(a^+,t) - EIy_{xxx}(a^+,t) - m\dot{v}y_x(a,t)$$

$$(7-97)$$

梁的自由-自由边界为

$$y_{xx}(l,t) = y_{xx}(0,t) = 0 \qquad (7-98)$$

$$y_{xxx}(l,t) = y_{xxx}(0,t) = 0 \qquad (7-99)$$

7.5.2.2　横向振动方程的近似解

运用分离变量法可以证明：轴向运动自由-自由梁横向振动式（7-97）在式（7-98）和式（7-99）边界条件下，存在与时间无关的振型函数。因此采用伽辽金近似法进行求解，即假设在任一时刻，横向振动 $y(x,t)$ 可以由该时刻对应的梁的固有振型函数线性叠加表示，即

$$y = \sum_{j=1}^{n} q_j(t)\phi_j(x), j = 1,2,3,\cdots,n \qquad (7-100)$$

式中，$q_j(t)$ 为广义坐标，$\phi_j(x)$ 为振型函数，表达式如下所示

$$\phi_j(x) = \frac{1}{2}(\mathrm{ch}\lambda_j x + \cos\lambda_j x) - \frac{1}{2}\frac{\mathrm{sh}\lambda_j l + \sin\lambda_j l}{\mathrm{ch}\lambda_j l - \cos\lambda_j l}(\mathrm{sh}\lambda_j x + \sin\lambda_j x)$$

$$(7-101)$$

式中，$\mathrm{ch}\lambda_j l \cos\lambda_j l = 1$。

将式（7-100）代入轴向运动自由-自由梁的平衡微分方程，并使用边界条件得到

$$\sum_{j=1}^{n}\{\rho[\ddot{q}_j(t)\phi_j + 2v\dot{q}_j(t)\phi'_j + \dot{v}q_j(t)\phi'_j + v^2 q_j(t)\phi''_j] + \rho_x v\dot{q}_j(t)\phi_j +$$

$$\rho_x v^2 q_i(t)\phi'_j - P_x q_i(t)\phi'_j - Pq_i(t)\phi''_j + EI_{xx}q_i(t)\phi''_j + 2EI_x q_i(t)\phi'''_j +$$

$$EI q_i(t)\phi''''_j\} = 0$$

$$(7-102)$$

对式（7-102）两边同时乘以 $\phi_i(x)$，并在 $[0,l]$ 上积分，整理后得到式（7-103）

$$\boldsymbol{M}(t)\ddot{\boldsymbol{q}}(t) + \boldsymbol{C}(t)\dot{\boldsymbol{q}}(t) + \boldsymbol{K}(t)\boldsymbol{q}(t) = 0 \qquad (7-103)$$

式中，$\boldsymbol{M}(t),\boldsymbol{C}(t),\boldsymbol{K}(t)$ 分别为 t 时刻系统的质量矩阵、阻尼矩阵和刚度矩阵，其元素值分别为

$$m_{ij} = \int_0^l \rho\phi_i\phi_j \mathrm{d}x + m\phi_i(a)\phi_j(a) \qquad (7-104)$$

$$c_{ij} = \int_0^l \left[2\rho v \phi_i \phi'_i + v p_x \phi_i \phi_j \right] \mathrm{d}x + 2mv\phi_i(a) \left[\phi'_i \right]_{x=a} \qquad (7-105)$$

$$k_{ij} = \int_0^l \left[\dot{v}\rho\phi_i\phi'_j + v^2\rho\phi_i\phi''_j + v^2\rho_x\phi_i\phi'_j \right]\mathrm{d}x -$$

$$\int_0^l \left[P_x\phi_i\phi'_j + P\phi_i\phi''_j \right]\mathrm{d}x + \int_0^l EI\phi''_i\phi''_j\,\mathrm{d}x +$$

$$mv\phi_i(a)\left[\phi''_j \right]_{x=a} + 2m\dot{v}\phi_i(a)\left[\phi'_j \right]_{x=a}$$

$$(7-106)$$

式（7-105）的阻尼项是由轴向运动效应产生的。

7.5.2.3　示例

本节采用等截面均匀自由-自由梁作为示例，研究轴向运动对其横向振动模态的影响。

考虑一圆柱形的梁模型，长度为 8 m，截面外径和厚度分别为 0.8 m 和 0.08 m，材料常温下的弹性模量和材料密度分别为 100×10^9 N/m² 和 1.1×10^3 kg/m³。

图 7-20 和图 7-21 分别给出了梁的刚度矩阵对角元素和第一阶固有频率随轴向速度的变化曲线。

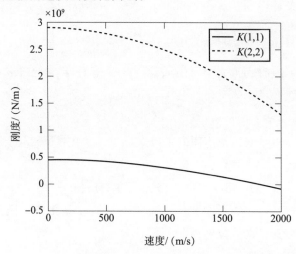

图 7-20　刚度矩阵对角元素与轴向速度的关系

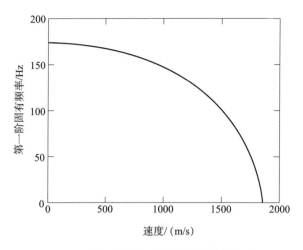

图 7 - 21　第一阶固有频率与轴向速度的关系

从图 7 - 20 和图 7 - 21 看出，随着梁轴向运动速度的增加，无论是刚度还是第一阶固有频率都有不同程度的下降，说明轴向运动使得系统稳定性下降，而且当轴向速度达到一定值后，第一阶固有频率等于零，造成系统失稳。因此轴向运动自由-自由梁存在一个临界轴向运动速度。

在本节中，梁失稳的轴向运动速度为 1 800 m/s 左右，该结果仅针对本示例的模型，目前战术导弹最大飞行速度可达 9 马赫，而未出现横向振动模态频率明显降低的现象，因此轴向运动效应对战术导弹横向模态特性的影响有待深入研究。

7.5.3　小结

本节主要研究了轴向运动效应对梁结构动力学特性的影响，并详细分析了系统的稳定性。研究发现轴向运动使得结构的刚度与固有频率都下降。当轴向运动速度达到一定数值时，结构的第一阶固有频率减小至零，因此，结构存在一个临界的失稳轴向运动速度，当结构的轴向运动速度大于等于该值时，系统发生失稳。

参 考 文 献

［ 1 ］ TIMOSHENKO S P. On the correction for shear of differential equation for transverse vibrations of bars of prismatic bars ［J］，Philosophical Magazine，1921，41（5）：744－746.

［ 2 ］ 胡海昌．弹性力学的变分原理及其应用［M］．北京：科学出版社，1981：139－147.

［ 3 ］ LEIBOWITZ R C，KENNARD K H. Theory of vibrating nonlinear beams ［J］．David Taylor Model Basin，Report 1317，1961：180.

［ 4 ］ LOVE A E H. A treatise on the mathematical theory of elasticity ［M］. New York：Dover Publications，1944：Chapter 16.

［ 5 ］ COWPER G R. The shear coefficient in Timoshenko's beam theory ［J］. Journal of Applied Mechanics，1966，33（3）：393－398.

［ 6 ］ STEPHEN N G. Timoshenko's shear coefficient from a beam subjected to gravity loading ［J］．Journal of Applied Mechanics，1980，47（1）：121－127.

［ 7 ］ 杜丹旭，郑泉水．子空间变分原理的修正及其应用于确定梁的剪切系数 ［J］．固体力学学报，1996，17（4）：348－352.

［ 8 ］ HUTCHINSON J R. Shear coefficients for Timoshenko beam theory ［J］. Journal of Applied Mechanics，2001，68（1）：87－92.

［ 9 ］ HULL A J. Mindlin shear coefficient determination using model comparison ［J］．Journal of Sound and Vibration，2006，294（1）：125－130.

［10］ KAWASHIMA H. The shear coefficient for quartz crystal of rectangular cross section in Timoshenko's beam theory ［J］．IEEE Transactions on Ultrasonics，Ferroelectrics，and Frequency Control，1996，43（3）：434：440.

［11］ PUCHEGGER S，LOIDL D，KROMP K，et al. Hutchinson's shear coefficient for anisotropic beams ［J］．Journal of Sound and Vibration，2003，266（2）：207－216.

［12］ OMIDVAR B. Shear coefficient in orthotropic thin－walled composite beams ［J］．Journal of Composites for Construction，1998，2（1）：46－56.

［13］ 王乐，王亮．一种新的计算 Timoshenko 梁截面剪切系数的方法［J］．应

用数学和力学，2013，34（7）：756 - 763.

[14] 钱伟长，叶开沅. 弹性力学 [M]. 北京：科学出版社，1956：185 - 198.

[15] 李效韩，杨炳渊. 结构振动中的连接子结构 [J]. 宇航学报，1987，（1）：7 - 15.

[16] REN Y.，et al. An interactive FRF joint Identification technique [J]. Proc of 11th IMAC，1993.

[17] 黄文虎，李效韩. 用优化方法进行结构动力模型支承刚度的参数识别 [M]. 哈尔滨工业大学飞行器力学与控制论文集，1980：103 - 105.

[18] 宋伟力，杨炳渊. 舵面液压伺服机构连接刚度参数辨识 [J]. 上海航天，1998（5）：9 - 13.

[19] 王建民，李国栋，黄卫瑜. 带有连接结构的导弹动特性试验研究方法 [J]. 强度与环境，2006，33（1）：52 - 58.

[20] 续秀忠，华宏星，陈兆能. 基于环境激励的模态参数辨识方法综述 [J]. 振动与冲击，2002，21（3）：1 - 5.

[21] SLAVIE J，SIMONOVSKI L，BOLTEZAR M. Damping Identification using a continuous wavelet transform：application to real data [J]. Journal of Sound and Vibration. 2003，21（2）：291～307.

[22] 谭冬梅，姚三，翟伟廉. 振动模态的参数识别综述 [J]. 华中科技大学学报（自然科学版），2002，19（3）：73 - 79.

[23] JOHNL C A. Modal analysis Based on the Random Decrement Technique [D]. Aalborg University，1997.

[24] 郑敏，申凡，陈同钢. 采用互相关复指数法进行工作模态参数识别 [J]. 南京理工大学学报，2002，26（2）：113 - 116.

[25] JAMES G H，CARNE T G. The Natural Excitation Technique（NExT）for modal parameter extraction from operating structures [J]. The International Journal of Analytical and Experimental Modal Analysis，1995，10（4）：260 - 277.

[26] 李惠彬. 大型工程结构模态参数识别技术 [M]. 北京：北京理工大学出版社，2007：30 - 76.

[27] 孙晓兰，王太勇. 基于相关函数的振动结构工作模态参数识别方法 [J]. 天津大学学报，2007，40（4）：503 - 506.

[28] KAMMERD C. Sensor Placement for On - Orbit Modal Identification and Correlation of Large Space Structures [J]. Journal of Guidance，Control，and Dynamies，1991，14（2）：251 - 258.

[29]　练继建，李火坤，张建伟．基于奇异熵定阶降噪的水工结构振动模态 ERA 识别方法 [J]．技术科学，2008，38（9）：1398 - 1413.

[30]　刘兴汉，王跃宇．基于 cholesky 分解的改进的随机子空间法研究 [J]．宇航学报，2007，28（3）：608 - 652.

[31]　于开平，邹经湘．模态参数辨识的小波变换方法 [J]．宇航学报，1999，20（4）：72 - 78.

[32]　BARTKOWICZ T J，JAMES G H. Ares I - X In - Flight Modal Identification [J]．NASA report 20110004351, 2011.

[33]　MOTE C D，Jr. A Study of Band Saw Vibrations [J]．Journal of the Franklin Institute, 1965, 279（6）：430 - 445.

[34]　MOTE C D，Jr. Dynamic stability of axially moving materials [J]．Shock and Vibration Digest, 1972, 4（1）：2 - 11.

[35]　SIMPSON A. Transverse Modes and Frequencies of Beams Translating between Fixed End Supports [J]．Journal Mechanical Engineering Science, 1973, 15（3）：159 - 163.

[36]　BUFFINTON K W，KANE T R. Dynamics of a beam over supports [J]．International Journal of Solids Structure, 1985, 21（7）：617 - 643.

[37]　BUFFINTON K W，KANE T R. Extrusion of a beam from rotating base [J]．Journal of Guidance, 1989, 12（2）：140 - 146.

[38]　TADIKONDA S S，BARUH H. Dynamic and control of a translating beam with prismatic joint [J]．Journal of Dynamic Systems，Measurement and Control, 1992, 114：422 - 427.

[39]　AL - BEDOOR B O，KHULIEF Y A. An Approximate Analytical Solution of Beam Vibrations during Axial Motion [J]．Journal of Sound and Vibration, 1996, 192（1）：159 - 171.

[40]　FUNG R F，LU P Y，TSENG C C. Non - Linearly Dynamic Modeling of an Axially Moving Beam with a Tip Mass [J]．Journal of Sound and Vibration, 1998, 218（4）：559 - 571.

[41]　ZHU W. D.，NI J.，HUANG J. Active Control of Translating Media with Arbitrarily Varying Length [J]．Journal of Vibration and Acoustics, 2001, 123（6）：347 - 358.

[42]　WILLIAMS T，BOLENDER M A，DOMAN D B，et al. An Aerothermal Flexible Mode Analysis of a Hypersonic Vehicle [J]．AIAA 2006 - 6647, 2006.

[43] ADAM J C，WILLIAMS Trevor，BOLENDER M A. Aerothermal Model-
      ing and Dynamic Analysis of a Hypersonic Vehicle [J] . AIAA 2007 -
      6395，2007.

[44] BOLENDER M A，DOMAN D B. Nonlinear Longitudinal Dynamical Model
      of an Air - Breathing Hypersonic Vehicle [J] . JOURNAL OF SPACE-
      CRAFT AND ROCKETS，2007，44（2）：374 - 387.

[45] RYAN S. Vibration Challenges in the Design of NASA's Ares Launch
      Vehicles [R]，2009.

[46] 王亮. 轴向运动梁动力学及控制研究 [D] . 江苏：南京航空航天大
      学，2012.